山洪地质灾害防治气象保障工程
项目群管理方法研究

阳艳红　　王玉彬◎编著

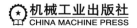

机械工业出版社
CHINA MACHINE PRESS

本书以现代项目管理理论与方法为基础，基于多年项目管理实践经验，采用系统分析与典型案例分析相结合的方式，分析山洪工程项目群特征及基本管理要素，阐述基于大数据的山洪工程项目群管理方法基本思路和主要步骤；针对山洪工程项目群管理重点、难点问题的分析研究及其成果总结，提出山洪工程项目群管理方法体系结构，介绍风险管理、信息集成管理和管理效果评价方法研究成果，以及项目群集成管理支持平台和轻量级大数据分析平台的构建思路与做法等。

本书适合气象部门以及其他公益服务类事业单位工程项目管理人员阅读，也可作为高等院校气象类及项目管理相关专业研究生的参考书。

图书在版编目（CIP）数据

山洪地质灾害防治气象保障工程项目群管理方法研究/阳艳红，王玉彬编著 . —北京：机械工业出版社，2020.6
ISBN 978-7-111-65625-8

Ⅰ.①山… Ⅱ.①阳… ②王… Ⅲ.①山洪－灾害防治－气象服务－工程项目管理－研究 Ⅳ.①P426.616

中国版本图书馆 CIP 数据核字（2020）第 082657 号

机械工业出版社（北京市西城区百万庄大街 22 号 邮政编码 100037）
策划编辑：陈 倩 责任编辑：陈 倩 李 杨
责任校对：赵晓晨 责任印制：刘晓宇
封面设计：高鹏博
北京宝昌彩色印刷有限公司印刷
2020 年 6 月第 1 版 · 第 1 次印刷
148mm×210mm · 5.75 印张 · 113 千字
标准书号：ISBN 978-7-111-65625-8
定价：42.00 元

电话服务　　　　　　网络服务
客服电话：010-88361066　机 工 官 网：www.cmpbook.com
　　　　　010-88379833　机 工 官 博：weibo.com/cmp1952
　　　　　010-68326294　金 书 网：www.golden-book.com
封底无防伪标均为盗版　机工教育服务网：www.cmpedu.com

序

近年来，大型气象工程项目已成为推动我国气象事业高质量发展的重要载体，在防御和减轻气象灾害和合理利用气候资源中发挥着越来越大的作用。与此同时，如何提升该类项目的管理水平，也成为相关领域热议的一个焦点问题。

本书作者抓住大数据技术为项目管理信息化带来的新机遇，在项目管理学科和大数据的交叉应用研究方面进行了有益的探索和积极的尝试。从书中描述的项目管理方法研究成果来看，通过在项目群管理中引入大数据概念，可以使我们获取更多的项目管理知识，为寻找项目管理创新发展思路提供依据，同时把大型气象工程项目管理得更好。

一般而言，项目管理水平的高低是衡量一个部门、一个单位现代化发展程度的重要标志之一。高水平的管理，首先要有一套科学、完整、切实可行的管理方法。本书最大的贡献就是为我们展示了一套思路清晰且可行的大型气象工程项目管理方法及应用研究成果。虽然这项研究还需要更多的验证和评估，可能还会遇到这样或那样的问题和困难。但我相信，该研究符合我国大型气象工程项目管理的现实和规律，将会为这一领域的快速发展带来活力，并有效促进其发展。对于从事工程项目管理的气象工作者来说，本书的论述也会给他们带来很大的帮助。

据我了解，本书是作者近几年来陆续发表在各类期刊上的论文和研究成果的集中展现。值得一提的是，其中的两篇论文分别在 2018 年度和 2019 年度的"中国项目管理大会暨中国特色与跨文化项目管理国际论坛"上作为分论坛演讲主题和被评为优秀论文。特别是其中的一篇论文还被中国人民大学书报资料中心出版的《复印报刊资料（管理科学）》全文收录，获得了项目管理同行的高度评价。这对作者来说是一种很大的荣誉。

我们应该感谢本书的作者，他们做了一件十分有意义的事情。本书的出版将为进一步提高气象工程项目群管理水平提供较为清晰的方法和路径。我希望本书能够激发大家对大数据技术和项目管理学科领域的研究兴趣，助力我国大型气象工程项目的科学化管理再上新台阶。

2019 年 11 月 8 日

前　言

　　近年来，项目群管理成为现代项目管理研究和应用领域的一个热点话题。作为项目管理概念的延伸，项目群管理着眼于对一组项目（项目群）进行统一协调，其本质是集成与协同管理，目的是实现总体目标和整体效益。紧随其后，基于大数据的项目群管理也成为网络热搜词，倍受关注。项目管理者开始尝试将大数据思维应用于项目管理领域，以期得到更佳的项目管理效果。这一系列新变化给我们带来了新思考和新思路，促使我们将山洪地质灾害防治气象保障工程（以下简称"山洪工程"）项目群管理方法研究的最新成果编写成书，呈现给各位读者。

　　事实上，山洪工程需要对长周期建设过程中先后共计3000余个分年度建设项目进行统一协调管理，属于现实版项目群管理的典型案例。本书以现代项目管理理论与方法为基础，基于多年项目管理实践经验，采用系统分析与典型案例分析相结合的方式，分析了山洪工程项目群特征及基本管理要素，阐述了基于大数据的山洪工程项目群管理方法的基本思路和主要步骤；并针对山洪工程项目群管理重点、难点问题的分析研究及其成果总结，提出了山洪工程项目群管理方法体系结构，介绍了风险管理、信息集成管理和管理效果评价方法研究成果，以及项目群集成管理支持平台和轻量级大数据分析平台的构建思路与做法等。试图通过山洪工程项目群管理案例分析，为后续工程建设和其他大型气象工程项目管理提供一套详尽而又具有较高参考价值的解决方案，使气象工程项目群的管理方法更为科学和高效，达到提高管理水平的目的。

本书共分为三篇：上篇为概述，包括山洪工程概况、项目群管理概述、大数据概述；中篇为管理方法研究，包括项目群管理方法体系结构、项目群风险管理、项目群信息集成管理、项目群管理效果评价以及大数据在山洪工程项目群管理应用中存在的问题与对策；下篇为管理工具构建，包括项目群集成管理支持平台和轻量级大数据分析平台等。

本书在内容编写上力求精简、实用；在描述上力求清晰、准确。书中列出主要参考文献，方便读者进一步了解引文详细内容。本书以气象部门工程项目管理人员为主要读者对象，可为公益事业单位工程项目管理专业技术人员提供参考，也可作为高等院校相关专业研究生学习用书。

在管理方法研究过程中，我们始终坚持以更符合中国特色的项目管理理论和规范为指导，全面贯彻落实中国气象局相关工作部署，采取研究与实例应用相结合的技术路线，以此作为本项研究的基本框架，渐进式地提升项目管理水平。在酝酿本书编写框架的准备阶段，我们重温了时任中国气象局局长郑国光关于"山洪工程是一项建设规模大、周期长、要求高的气象保障工程，必须善始善终，加强项目管理，确保高质量完成建设任务"的讲话，以及分管领导关于项目管理工作的有关指示。这让我们首先感受到大型气象工程项目管理工作至关重要，它是衡量和检验能否高质量完成建设任务的前提；其次就是告诫我们，加强项目管理不能单凭经验，而是要采取实事求是的科学态度，探讨和研究有针对性的项目管理方法，用以指导项目管理活动。这些意味深长的讲话和指示为我们践行科学管理带来了动力并指明了方向，使气象工程项目群管理方法的研究工作得以顺利展开。

感谢上级主管部门谢璞司长和相关负责同志对我们工作的支持和指导；感谢中国气象局山洪工程项目管理办公室主任李良序和前主任王晓云同志，以及章国材研究员对我们工作给予的支持和指导；感谢韩霄、姚萍、高秀花同志，作为并肩作战的同事，给予本书编写工作的悉心指导和热情帮助。

在本书即将出版之际，还要特别感谢来自有关省（自治区、直辖市）气象局、南京信息工程大学以及中国气象局气象探测中心等单位的管理和技术骨干（以报到时间先后为序）：杨兴国、杨志彪、马舒庆、谢瑞国、李崇志、周勇、姬翔、陆小勇、王柏林、李雁、吴鹏、薛德友、刘文奇、丁建军、白滔、郭维、李君海、刘宏谊、崔喜爱、宋传经、顾浩、蒋涛、张红雨、张以刚、刘志军。他们曾与我们一同奋战在中国气象局山洪工程项目管理办公室，与我们共同承担项目管理工作。大家不断学习、不断实践、不断总结提高，逐步构建了一个良好的山洪工程项目管理方法研究氛围，为本书的出版奠定了坚实的基础。可以说，本书的出版是山洪工程项目管理团队多年来共同努力的结果！

同时，也要感谢中国气象局资产管理事务中心以及北京零点市场调查有限公司、大数有容（北京）智能科技有限公司对我们工作的大力支持。

由于编写时间比较仓促，书中的疏漏和错误在所难免，敬请读者不吝赐教，我们将在今后的研究工作中进行补充和完善。

2019 年 10 月

目　录

中篇 管理方法研究

上 篇

概 述

第1章 山洪地质灾害防治气象保障工程概况

2011 年 4 月 6 日,国务院审议通过了《全国中小河流治理和病险水库除险加固、山洪地质灾害防御和综合治理总体规划》(以下简称《总体规划》)。同年 6 月 8 日,国家发展和改革委员会正式印发《总体规划》。该规划明确了气象部门的工程建设目标和任务。其后,根据《国家发展改革委办公厅关于做好全国中小河流治理和病险水库除险加固、山洪地质灾害防御和综合治理总体规划任务分解工作的通知》要求,中国气象局高度重视《总体规划》的实施,于 2011 年 11 月召开了工程建设第一次全国工作会议,研讨工程建设实施方案,部署工程管理相关工作,确保又好又快地推进工程建设任务。

2012 年 5 月 29 日,中国气象局印发《山洪地质灾害防治气象保障工程建设指导方案》(以下简称《山洪工程指导方案》),标志着"山洪地质灾害防治气象保障工程"(以下简称"山洪工程")总体实施方案设计基本完成。

1.1 总体目标

《总体规划》第二章第三节中明确要求:在洪水易发地区和

山洪地质灾害防治区建成监测预报预警系统，完善灾害防御预案，将群测群防体系落实到村组，做到排查巡查到位、预警预报及时、转移避险有效；完善中小河流、中小水库的监测预报预警体系，建立洪水风险管理制度，提高防汛指挥应急抢险能力。

中国气象局紧密围绕贯彻落实《总体规划》目标，在《山洪工程指导方案》中明确提出了山洪工程的总体目标：在全国建立层次分明、功能全面、技术先进、快速高效的气象灾害监测预警和风险评估服务体系，实现对灾害防治区局地突发性强降水及其引发的中小河流洪水、山洪、地质灾害等的气象监测、预警和风险评估，有效增强气象灾害预警信息发布的时效性、针对性和覆盖率，显著提升气象防灾减灾水平和效益。

1.2　建设内容

《总体规划》第三章第二节中要求：突出非工程措施在防灾减灾中的作用，强化专业监测预报预警和群测群防体系建设，合理安排工程治理措施，统一规划，资源共享，避免重复建设；在建设时序上，按轻重缓急，区分重点和一般，突出薄弱环节。通过系统实施各项工程，显著提高防灾减灾能力。

《总体规划》第三章第三节中要求：在山洪地质灾害易发地区涉及的 2058 个县（市、区）内，以现有气象水文监测网络为基础，合理布设局地和移动天气雷达、风廓线雷达，加密布设自动气象站、自动和简易雨量站，消除天气雨量观测盲区；建设完善水文（位）测站、巡测基地、水文信息中心站、中小河流水情预报、中小型水库防汛报警通信系统，加强国家防汛抗旱指挥系统建设；加密布设泥石流滑坡等灾害监测站点，配置必要的预警设备；建设完善气象、水利和国土资源等部门的预报预警、信息传输和信息发布系统，建立气象、水利和国土资源等部门联合的监测预报预警信息共享平台和短时临近预警应急联动机制；完善灾害防御预案、宣传培训演练等群测群防体系，充分发挥乡村群测群防监测员、气象信息员、灾害信息员、水文观测员的作用；把山洪地质灾害防治知识纳入国民教育体系，加强宣传教育和应急演练，强化干部群众避灾减灾意识，全面提高自防自救和互救能力；建立洪水风险管理制度。

中国气象局全面落实《总体规划》的部署和要求，在《山洪工程指导方案》中明确了山洪工程包括监测系统、预报与风险评估系统、预警信息发布与服务系统、信息网络支撑系统、装备保障系统五大业务系统建设内容。通过加强气象监测、预报、预警服务能力建设，进一步提升局地突发性强降水监测、精细化预报和中小河流洪水、山洪、地质灾害监测预警功能，气象灾害预警信息快速发布功能，以及快捷可靠的技术装备保障功能等（图 1-1）。

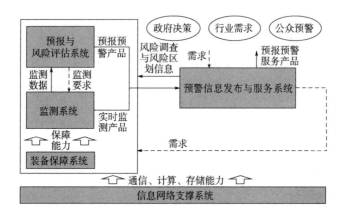

图 1-1 山洪工程总体构成示意图

1.3 建设地点

《总体规划》第三章第一节中首先明确：规划范围为防洪薄弱地区和山洪地质灾害易发地区，主要包括：流域面积 200 平方千米以上有防洪任务的重点中小河流重要河段；存在病险隐患的水库及大中型水闸；洞庭湖、鄱阳湖区重点圩垸；有山洪地质灾害防治任务的县（市、区）。同时明确：山洪地质灾害易发地区，涉及全国 29 个省（自治区、直辖市）的 2058 个县（市、区），包括此范围内的重点国有林区、农垦团场和自然保护区。其中，草原保护建设任务涉及 25 个省（自治区、直辖市）和新疆生产建设兵团的 633 个县级行政单位，水土流失治理任务涉及 29 个省（自治区、直辖市）和新疆生产建设兵团的 766 个县级行政单位。

1.4　项目单位

山洪工程项目单位主要是指：各省、自治区、直辖市气象局，计划单列市气象局，新疆生产建设兵团和黑龙江省农垦总局，中国气象局相关直属单位。按照《山洪地质灾害防治气象保障工程管理办法》（以下简称《山洪工程项目管理办法》），各项目单位是山洪工程分年度建设项目的责任主体，主要负责本单位山洪工程年度建设项目的全过程管理，并对项目建设进度、质量、资金管理及运行管理等负总责。

1.5　项目管理

为贯彻落实《总体规划》中明确的气象保障工程建设任务，加强工程建设管理，中国气象局在工程启动伊始，印发了《山洪工程项目管理办法》，部署了工程管理相关工作，明确了分年度建设项目审批程序、建设管理、监督检查和主体责任等。其后，为进一步加强山洪工程项目的管理，有效发挥项目投资效益，中国气象局计划财务司发文要求各项目单位认真落实《山洪工程项目管理办法》等气象部门重点工程和基本建设项目管理相关规定。

在强化项目单位年度建设项目管理责任方面，要求各项目单位切实履行项目法人的主体责任，加强对山洪工程建设的组织领导，明确领导分工，明确牵头职能处室和责任人，明确管理部门的相应职责，切实履行项目管理、工程实施和项目监督等职责。各省级山洪工程项目管理办公室要健全机构、强化职责、落实人员，做好专职与兼职、业务与财务管理人员相对固定的合理配置，切实承担起工程建设的具体组织实施工作。

在严格执行年度建设项目投资调整审批程序方面，要求在项目实施过程中，各项目单位严格按照可行性研究报告（以下简称"可研报告"）批准的建设内容执行，严禁未经批准擅自变更建设内容和建设规模，如确需调整，须按程序报批。

在严格控制年度建设项目进度和竣工验收方面，要求山洪工程实行年度建设项目竣工验收制度，年度建设项目施工期原则上按一年期控制，项目建设完成后应尽快投入业务试运行，并在半年试运行期结束后及时组织开展项目业务验收，业务验收完成后的半年内，由项目单位负责组织项目竣工验收工作。竣工验收要严格按照基本建设项目竣工验收管理的内容、程序和职责等规范执行，通过验收的材料要按规定报备。

在严格审批竣工财务决算和资产交接管理工作方面，要求山洪工程年度建设项目在完工、通过业务验收并具备竣工验收条件后，应按照《气象部门基本建设项目竣工财务决算管理办法》的相关规定，由项目管理部门配合计财部门及时编制竣工财务决算，并按照《气象部门基本建设审计办法》开展审计工作。审计通过后，按审批权限报请决算审核和批复。各项目单位根据批复的竣工财务决算，及时做好固定资产移交和财务入账及资产登记手续，做到账账相符、账实相符，加强固定资产后续使用和管理工作。

在完善工程建设监督检查方面，要求各项目单位强化山洪工程年度建设项目的计划执行、财务管理、政府采购、招投标等方面工作以及工程质量与安全的监督检查，并进一步落实好工程建设中的党风廉政建设责任，履行好"一岗双责"。对工程管理不善、失职渎职、擅自调整工程建设内容、出现工程质量问题、违规使用资金和不按规定进行竣工财务决算及审计、不及时办理竣工验收手续的，要依规进行责任追究。各项目单位要集中开展工程建设的检查工作，重点核查工程管理、工程实施、竣工验收和工程效益等方面的情况。

1.6　中期评估结论 （摘要）

1.6.1　"十二五"规划评估结论

中国气象局《〈气象发展"十二五"规划〉实施评估报告》中，给出了山洪工程 2011—2014 年度建设项目总体建设效益的宏观评价结论：在全面贯彻落实《总体规划》目标任务的过程中，通过山洪工程建设，基本形成了山洪地质灾害防御气象监测预报预警服务体系，气象观测站网密度和自动化水平大幅提升；预报预警系统平台不断完善，精细化气象预报预警业务能力明显提高，天气气候预报预测准确率显著提升。

1.6.2 中期评估结论

为保证全面贯彻落实《总体规划》目标任务，加强对建设过程的监管，优化和改善后续工程建设和管理，2019年度中国气象局山洪工程项目管理办公室委托工程咨询机构开展了山洪工程中期评估。此次评估由第三方专业评估机构采用资料研究、问卷调查、实地走访相结合的方式，坚持科学、客观的态度与原则，对山洪工程2011—2018年度的建设、管理和效益三方面进行独立、客观地评估。综合评估结果如下（摘编）：

1）各项目单位按期完成建设任务并投入运行。硬件设备、软件系统运行正常，实用性强，显著提升了山洪地质灾害及中小河流防汛精细化气象预报预警业务服务能力，实现气象灾害监测预警、预报预警、气象服务等信息的实时采集和一键式发布，在各类气象服务中得到了很好的应用。

2）项目建设质量与所确定的建设目标任务相一致。投入业务运行以来，项目通过完善现代气象监测预报预警体系、建设现代公共气象服务体系、建设气象科技创新和人才体系等建设项目，明显提高了气象业务现代化水平和公共气象服务能力，取得了显著的社会效益和经济效益，具有可持续性。

3）中国气象局通过分阶段、分年度对任务目标进行逐一分解及监管，向项目单位提供了一系列项目管理手册，提高了项目管理效率，确保实现建设目标；各项目单位根据《山洪工程年度建设项目可行性研究报告》（以下简称《山洪工程年度建设项目可研报告》）进行任务建设，符合建设程序。

4）在山洪工程建设过程中，采用了气象行业国际、国内的先进技术和标准，对于提升气象行业整体服务水平及持续性效益发挥了重要作用。

第 2 章　项目群管理概述

大量文献调研结果显示，随着我国经济的持续快速发展，国家对大型工程项目的投资力度也不断增大，越来越多的项目以组群的形态出现，传统的项目管理模式已经不能满足经济发展的需要。在此背景下，项目群管理被视为第二代项目管理理论，其基本原理在项目管理实践中逐渐受到广泛关注。与此同时，从总体上看，项目群管理的研究大多还处在理念层面的讨论和理解，其内容和含义至今还没有定论。因此，有必要借鉴而不是直接套用西方现代项目管理理论，同时积极探索符合国情的项目群管理理念、方法和工具，不断提高项目群管理效率和综合水平。

2.1　项目群与项目群管理

项目群既有大项目的含义，又指一组相互联系的项目或由一个组织机构管理的所有项目。它是对现有的和将要开展的一些项目进行集群的一种组织框架，这些项目具有共同的目标体系，最终创造超出集群个体项目总和的价值。项目群的建立并非多项目的简单组合，而是通过对多项目的目标进行平衡和协调建立共同的目标体系。

一般来说，项目群具有以下三个主要特征：

1）由若干个同时发生或部分搭接的项目构成。这些项目相互之间具有一定的逻辑关系。

2）拥有一个明确的目标。多个项目虽然各自拥有具体目标，但总体上都是为项目群的统一目标服务。

3）统一配置资源。由于目标的统一性，需要在单个项目资源合理配置的基础上，从项目群系统角度出发，在不同项目之间合理调配资源。

根据 Mark Lycett（2003）对项目群管理的定义，项目群管理是指为了实现一定利益，对一组相关的项目进行集成（Integration）和管理（Management），而当对单个项目采取独立的项目管理时，这一利益将无法实现，同时这些单个项目是互相联系的。一般认为，我国工程项目管理大都属于面向约束型（Restraint-oriented program）的项目群管理。所有项目受共同约束限制，通过对项目的协调，以改善项目的履行。这里的约束包括合同约束、资源约束等，期望达到合同的更好履行、资源的更优利用，以及新技术、新方法的研究和推广应用。

从项目和项目群的关系角度看，项目群管理不直接参与对每个项目的日常管理，所做的工作侧重在整体上进行规划、控制，指导各个项目的具体管理工作。项目群为项目提供执行环境，在一个项目群的生命周期中，一个一个的项目被启动、执行、收尾，项目群为包括在其中的项目提供一致的指导、管理、交付、报告等原则和规范。也就是说，项目群管理和项目管理互相联系，但又各具特征，即项目群管理是对多个项目进行的总体控制和协调，更侧重于总体目标实现，通过对项目的孤立性、模糊性的改善，获得更大的利益；而项目管理注重计划和执行并提交最终成果，即运用各种相关技能、方法与工具，为满足或超越项目有关各方对项目的要求与期望，开展计划、组织、领导、控制等方面的各种活动。

2.2　山洪工程项目群基本特征

山洪工程是中国气象局负责组织，由全国各省（自治区、直辖市）气象局以及中国气象局直属业务单位（以下简称"项目单位"）负责建设的中央预算内投资项目，具有较为典型的项目群特征。

2.2.1　项目数量多

山洪工程由多个相互联系的分年度建设项目组成。

1）从功能划分角度。为了有效地管理和控制工程建设，按功能将其分解成若干个子系统。这些子系统需要同步实施，即按照监测、预报、预警信息发布、信息网络和装备保障等业务功能逐层细化，直至分解到具有一定功能的子系统，每个子系统都能反映与工程总体功能的一致性。

2）从系统角度。应用工程目标分解原则，对总体目标自上而下地逐层分解，并能自下而上地逐层综合。目标分解的结果是形成不同层次的分目标，即按照分年度目标持续性投资，形成多个需要协调管理的年度建设项目（图 2-1）。

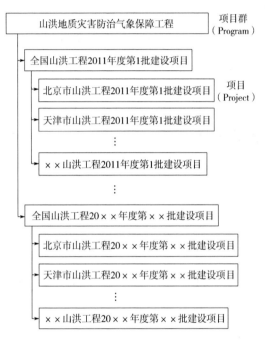

图 2-1　山洪工程项目群结构示意图

目前，山洪工程建设已经跨越"十二五"和"十三五"两个"五年规划"，累计投资 3000 余个年度建设项目；按计划，"十四五"期间还将继续投资建设。

2.2.2　项目目标统一

《总体规划》中给出了山洪工程建设的统一、明确的建设目标。在全面具体贯彻落实《总体规划》建设目标和任务的过程中，编制《山洪工程指导方案》和《山洪工程分阶段实施方案》，相当于在《总体规划》总体目标框架内建立一个工程后续建设项目储备库，为后续分年度建设项目决策提供依据，确保整个工程目标统一，最大限度地避免低水平、重复建设，提高工程建设质量，保证工程建设的先进性，避免出现"两张皮""刚建成就落后"等尴尬局面。

2.2.3 信息资源统一配置

按照山洪工程管理流程要求，项目单位统一报备工程建设与管理文档资料。因此，从整体工程角度来看，项目管理数据信息资源实现统一配置，即所有项目单位产生的分年度建设项目和管理活动信息资源等，全部实现统一收集、存储和集成信息管理，使项目管理信息可有效利用、关键数据多用途复用，成为指导后续项目建设管理、在不同项目单位之间实现信息交流和共享的数据环境。

2.3 山洪工程项目群基本管理要素

山洪工程与一般意义上的气象重点工程项目不同，属于"小而广"的山洪地质灾害防治非工程措施建设项目。它是由相互联系的多个分年度建设项目个体构成的整体，具有典型的项目群特征，与单项目管理有着明显的区别。

山洪工程项目群管理是对分散在各个项目单位的、所有分年度建设项目实施的总体管理。为了达到"宏观管理有序,工程实施规范"的管理效果,以项目群管理理论为主要参考,邀请有经验的大型气象工程项目管理专家对山洪工程项目群主要管理要素进行选取评定。通过特征分析,总结、凝练,最终选取总体目标控制、项目跟踪管理、信息资源协调三大要素作为山洪工程项目群的基本管理要素,既考虑单项目运行要求,又根据山洪工程项目群特点把多个具有内在联系的年度建设项目整合在一起,实现整体工程的统一协调管理(图2-2)。

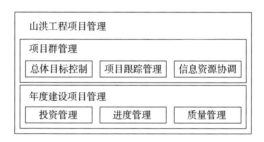

图 2-2　山洪工程项目群基本管理要素示意图

2.3.1　总体目标控制

山洪工程总体目标控制主要是:全面落实国务院批复的《总体规划》中对气象部门提出的总体目标要求,及时分析分年度建设项目完成情况与总体目标之间的差异及其原因,并对其执行情况进行中期评估,以便采取有效的补救措施,更好地实现总体目标。

1) "由粗到细"分解落实目标任务的思路。在《总体规划》目标要求范围内,结合山洪地质灾害防治对气象保障服务的需求,委托工程咨询机构聘请咨询专家编写《山洪工程指导方案》,给出总体功能结构设计,并分解为相应的分系统和子系统。经审定后,在此基础上以 2～3 年为一个时间段,有计划、分阶段地贯彻落实《总体规划》目标任务,进一步完成《山洪工程分阶段实施方案》《山洪工程分年度实施方案(任务分解方案)》的设计,给出逐步精细的年度建设任务和建设目标要求,分阶段合理控制工程建设总体规模和投资。

2) 将分解的建设任务分年度下达项目单位,要求项目单位据此编制《山洪工程年度建设项目可研报告》,并组织实施全过程项目管理,确保整体功能结构的完整性。同时,使逐年安排的建设目标任务与气象业务发展规划相衔接,最终实现《总体规划》目标(图2-3)。

上述年度建设项目总体目标控制机制,可有效规避由于建设周期长所导致的建设初期的一些假设不再成立,可能出现的工程前期设计深度不够、"边设计、边实施",以致分年度安排建设项目偏离《总体规划》建设目标等风险。

2.3.2 项目跟踪管理

项目跟踪管理主要是为了解项目群的实际进展情况而采取的措施。一方面,了解整个工程中分年度建设项目完成情况,研判建设计划是否可按目标要求完成;另一方面,及时了解和

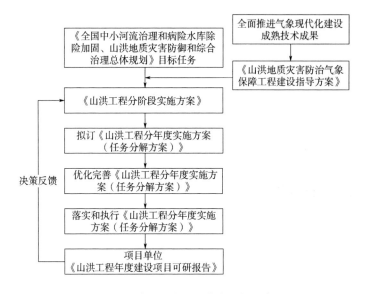

图 2-3　山洪工程分阶段落实目标示意图

发现问题，并提出解决方案，确保顺利地组织实施工程建设和管理工作。总体上可归纳为两个方面：

1）制定和实施《山洪工程项目管理办法》，建立比较稳定的责任约束机制，明确责任主体、责任范围等。特别强调，各省（自治区、直辖市）气象部门作为山洪工程分年度建设项目的责任主体，全权负责从《山洪工程年度建设项目可研报告》审批到竣工验收的年度建设项目全过程管理和统计评价等，对年度建设项目的工程质量、工程进度和资金管理负总责。

2）以《山洪工程统计与自评价报告》的形式，将统计分析用于项目管理，对分年度建设项目的目标、执行过程、作用和影响等进行量化分析总结和评价。从项目管理实际出发，针对分年度建设项目启动、执行监控、收尾三大过程，设计相应的统计指标，对山洪工程项目管理进行统计分析和描述，客观地判断年度建设项目的主要管理目标能否实现，并提出建议等。在此基础上，结合项目管理专家打分方式，给出一系列量化的项目管理情况统计分析与评价结论等，用以更真实地反映工程项目建设和管理情况，形成年度建设项目管理效果的评价机制。

2.3.3 信息资源协调

信息资源协调以项目群管理整体优化为目标，将项目群各管理要素信息集合成一个有机整体，实现项目各参与方信息共享、协同工作，从根本上解决基于纸介质进行信息交流造成的"信息断层"和实施过程中的"信息孤岛"问题，实现不同管理层级之间的管理协同。总体上可归纳为三个方面：

1）按照《山洪工程项目管理办法》授权管理和因履行职责需要收集、存储的项目文档资料信息，以及按照规定保存、报备工程建设相关文档并及时办理资产移交手续等管理活动，使"规范化、定量化、信息化"常态化推进日常项目管理活动。

2）通过线上线下相结合的方式，基于轻量级大数据分析平台逐年滚动编写《山洪工程统计与自评价报告》《山洪工程信息管理手册》，以及逐年累积形成的年度建设项目管理电子文档集，使在工程全部结束后自然形成齐备的全过程文档，避免由于长周期建设可能造成的文档信息遗失、失传等混乱现象。

3）通过基于电子文档存储目录结构与管理过程检索策略的

完全一致性，提高信息检索的效率和文档利用率，使信息的传递变得快捷、及时和通畅，达到"不仅存起来，而且用起来"的目的，作为对现场检查沟通方式的补充，解决决策、管理、执行层之间信息交流不畅等问题，使信息公开、共享成为山洪工程项目群管理的常态。

第 3 章　大数据概述

3.1　大数据概念

3.1.1　大数据与云计算

大数据（Big Data），目前尚处在逐渐被认识、被应用的阶段，还未形成公认的定义。其产生之初，作为 IT 行业的技术术语被定义为："所涉及的数据量规模巨大到无法通过人工在合理时间截取、管理、处理并整理成为人类所能解读形式的信息"。大数据概念的提出者维克托·迈尔-舍恩伯格直观地将其解释为，大数据是指对所有的数据进行分析处理而不是采用抽样对数据进行随机分析。大数据是一种规模大到在获取、存储、管理、分析方面大大超出了传统数据库软件工具能力范围的数据集合，其核心特征概括为"5V"，即：Volume，指容量大、存储空间大、计算量大；Variety，指数据类型的多样性，即结构化数据与非结构化数据；Velocity，指增长速度快、处理速度快；Veracity，指数据的精确性，即数据的质量；Value，指数据中包含着有价值的信息。也就是说，大数据不仅指数据体量大、数据类型繁多、处理速度快、价值回报较高，而且无法使用传统的流程和工具处理信息，进行大数据分析需要多个并行的工作负载，它的核心价值就在于能够对海量数据进行存储和分析。

　　大数据往往和云计算联系到一起，云计算为大数据提供了有力的工具和途径，大数据为云计算提供了用武之地（图3-1）。云计算的关键词在于"整合"，无论是通过现在已经很成熟的、传统的虚拟机切分型技术，还是通过海量节点聚合型技术，它都是通过将海量的服务器资源进行整合，调度分配给用户，从而解决用户因为存储计算资源不足所带来的问题。可以简单地说，云计算就是硬件资源的虚拟化，而大数据就是海量数据的高效处理。大数据需要的云计算技术主要包括虚拟化技术、分布式处理技术、海量数据的存储和管理技术、智能分析技术(类似模式识别以及自然语言理解)等。

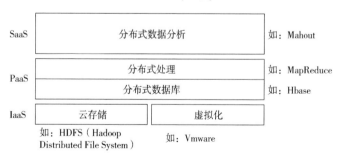

图 3-1　云计算与大数据的关系示意图

　　Hadoop 是云计算技术的重要组成部分，是对大量数据进行分布式处理的软件框架。Hadoop 主要由 HDFS 和 MapReduce 组成。其中，HDFS 是一个分布式文件系统（Hadoop Distributed File System）；MapReduce 是用于并行处理大数据集的软件框架。Hadoop 实现了包括分布式文件系统 HDFS 和 MapReduce 框架在内的云计算软件平台的基础架构，并且在其上整合了数据库、云计算管理、数据仓储等一系列平台，已成为进行云计算应用和研究的标准平台。HDFS 存储 Hadoop 集群中所有存储节点上的文件，它的上一层是 MapReduce 引擎，该引擎由 JobTrackers 和 TaskTrackers 组成，基本涵盖了 Hadoop 分布式平台的所有技术。基于 Hadoop，用户可编写处理海量数据的分布式并行程序，并将其运行于两台或两台以上服务器构建节点组成的计算机集群上。它允许在整个集群使用简单编程模型计算机的分布式环境存储并处理大数据，类似于一个数据生态圈，不同的模块各司其职。

如果用一个形象的比喻，云计算相当于计算机和操作系统，将硬件资源虚拟化之后再进行分配使用，而大数据则相当于海量数据的"数据库"。当前的大数据处理正向着近似于传统数据库体验的方向发展，Hadoop 的产生使我们能用普通的微机建立理想的数据集群，把本来感觉高不可攀的并行计算概念变成了触手可及的桌面系统。相关领域专家对大数据发展的预测是，作为计算资源的底层云计算支撑着上层的大数据处理，而大数据将致力于发展基于 Hadoop 分布式架构下实时、多维、交互式搜索和分析引擎，以及统计分析能力。

3.1.2　大数据分析

顾名思义，大数据分析（Big Data Analytics，BDA）是大数据理念与方法的核心，是指对海量类型多样、增长快速、内容真实的数据（大数据）进行分析，以一种比以往有效得多的方式来管理海量数据，并可在集成化大数据分析平台的支撑下，运用云计算技术调度计算分析资源，最终挖掘出有价值的信息的数据分析过程。掌握正确的大数据分析方法，进行有价值的信息提取是十分必要的。大数据分析主要包括以下五种方法。

1. 预测性分析（Predictive Analytic Capabilities）

数据挖掘可以更好地理解数据，而预测性分析可以根据可视化分析和数据挖掘的结果做出预测性的判断。

2. 数据质量和数据管理（Data Quality and Master Data Management）

通过标准化的流程和工具对数据进行处理，可以保证一个预先定义好的高质量的分析结果。

3. 可视化分析（Analytic Visualizations）

数据可视化是数据分析工具基本的要求，可视化可以直观地展示数据，将数据的各个属性值以多维数据的形式表示，可以从不同的维度观察数据，从而对数据进行更加深入的观察和分析。

4. 语义引擎（Semantic Engines）

由于非结构化数据的多样性带来了数据分析的新挑战，我们需要一系列的工具去解析、提取、分析数据，语义引擎需要被设计成能够从"文档"中智能提取信息。

5. 数据挖掘算法（Data Mining Algorithms）

可视化是给人看的，数据挖掘是给机器看的。集群、分割、孤立点分析以及其他的算法可以让我们深入数据内部，挖掘价值。这些算法不仅要处理大数据的数量，也要处理大数据的速度。

以上是数据分析需要具备的数据分析能力和方法，每一种方法都对业务分析有很大的帮助作用，可以在一定程度上保证分析结果真实且具有价值。

3.2　大数据技术架构

从山洪工程大数据应用实践的角度而言，适用于项目群管理的大数据技术架构设计的关键是，要在满足项目管理实际需求，明确目标、任务的基础上，提出针对性的大数据架构设计方案，明确计算框架、数据收集以及数据应用和展现形式的具体需求等。

3.2.1　需求分析

一般认为，大数据应用需求分析应该围绕数据而不是围绕功能展开。这与传统的需求分析中以分析功能需求为核心有明显的不同。首先，要解决"有什么"；然后，明确"做什么"。

可以认为，这是一个不断积累数据资源的过程，也是大数据分析的基础。为此，山洪工程项目群管理大数据需求可描述为：在现行体制下，整合分散的信息资源，梳理各相关系统数据资源的关联关系，提取有价值的信息，为项目群管理提供准确、可靠的信息依据，满足高水平项目群管理的需要，以期构建用数据说话、用数据决策、用数据管理、用数据创新的项目群管理机制和运行环境。

3.2.2　技术架构

主要用于解决诸如集群中的任务该如何合理分配？如果数据有依赖关系，如何保证依赖关系的数据不会长时间等待？在集群中某台服务器单点故障如何保证数据不丢失？集群如何协调，是否需要 master 主机或是需要多少 master 主机等问题（图3-2）。技术架构对传统的数据分析进行了彻底的变革，运用 MapReduce 编程模型对计算分析任务进行分割，对计算资源、服务资源和信息资源进行最优化的配置利用。

1. 数据收集

主要由关系型和非关系型数据收集组件、分布式消息队列构成。数据收集是项目群管理数据应用的重要环节，掌握的数据源越全面，数据分析越准确，实施的项目管理决策也就越高效。

根据山洪工程管理实践，数据收集步骤如下：

1）建立一套完整的电子文档规范，按照统一的数据格式规范收集由不同项目单位报备的相关文档。

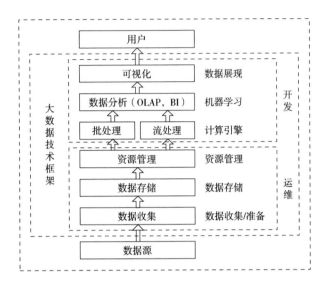

图 3-2 大数据技术架构示意图

2）进行数据存储。主要包括：规范项目单位分年度建设项目管理数据收集流程，实现数据收集的一体化，数据质量控制，以及全过程管理电子文档报备机制等。

山洪工程数据收集的内容主要包括：项目单位逐年报备形成的工程项目立项文档、工程项目组织管理文档、工程项目验收文档、工程项目分年度评价文档、其他文档五大类，以及从分年度建设项目立项、审批、设计、实施到竣工验收全过程的电子文档等。

2. 计算引擎

按照对所处理的数据形式和得到结果的时效性分类，计算引擎分为三类：批处理、交互式处理和流式实时处理。根据山洪工程管理实践经验，主要是处理山洪工程分年度建设项目管理历史数据，对于处理时间相对不敏感，所以选择基于 Hadoop 架构的批处理方式。将存储于 Hadoop 中的大数据，通过 MapReduce 分解成多个独立的小数据段，分发到多个节点上进行快速、高效的并行计算，再根据中间结果重新组合数据，然后计算和组合最终结果，可有效解决单机处理中计算性能不足的难题。

3. 数据应用与展现

数据应用与展现的目的是将分析所得的数据进行可视化，以便项目管理者能更方便地获取数据，更快、更简单地理解数据。以大数据在山洪工程项目群管理中的应用为例，分析如下：

1）通过简洁的界面，把分析结果变得一目了然，使统计分析数据对比判断更加方便。其中包括对数据统计分析结果的图形显示，如线性图、柱形图、饼状图等，展示各种实时和历史信息及分析结论。特别是可对数据进行深入的分析，而不是仅生成简单的报表等。

2）触手可及的由两台微机组成的计算机集群和轻量级大数据分析平台软硬件环境。这样的环境无异于通常的桌面办公环境，对于应用者无疑是极大的方便，通过轻量级大数据分析平台导入相关数据，可立即在集群计算机上进行分析，发现数据之间的关联，帮助项目管理者正确理解和应用分析结论，形成数据驱动的项目管理机制，得出可行的管理措施以及相关的项目优化方案等。

中 篇

管理方法研究

第4章 基于大数据的山洪工程项目群
管理方法体系结构研究[⊖]

本章以现代项目管理理论与方法为依据，结合多年项目管理实践经验，采用系统分析与案例分析相结合的方法，分析山洪工程项目群特征和项目群基本管理要素，阐述了基于大数据的山洪工程项目群管理方法基本思路与主要步骤，以及针对项目群管理重点、难点问题的分析研究，提出山洪工程项目群管理方法体系结构等。试图通过山洪工程项目群管理案例分析研究，为后续工程建设以及其他大型气象工程项目管理提供一套详尽而又具有较高参考价值的解决方案，以达到提高管理水平的目的。

4.1 引言

近年来，随着我国社会经济的快速发展，国家对大型气象工程项目的投资力度不断增大，越来越多的气象工程项目以项目群的形态出现，项目群管理逐渐受到广泛的关注。与此同时，

⊖ 阳艳红，王玉彬. 基于大数据的气象工程项目群管理方法体系研究及实现 [J]. 项目管理技术，2020，18 （3）：80-85.

由于气象工程项目群管理的特殊性和复杂性，目前还没有一套完备、适用的项目群管理方法与工具。因此，有必要借鉴而不是直接套用经典项目管理理论方法，积极探索符合我国国情、符合气象行业特点的项目群管理方法和工具，提高大型气象工程项目的管理效率和水平。

山洪工程与近年来先后启动的大型气象工程相类似，伴随着项目数量的增加和管理能力的不足，项目管理方法逐渐成为做好后续工程建设的瓶颈，如何组织实施超大规模山洪工程项目的管理日益受到关注。因此，有必要通过研究并掌握先进、适用的项目群管理方法，以项目群为管理对象综合性地解决统一协调管理中的问题。否则，不仅难以满足目前山洪工程项目群的管理需要，还会在一定程度上影响后续工程建设和管理效果。

本章介绍了在现代项目管理知识体系架构下，采用系统分析与典型案例分析相结合的方式，有针对性地开发适用性的项目群管理方法的过程；阐述了如何在山洪工程项目群管理中应用大数据技术进行风险管理、集成管理和管理效果评价，以及项目群集成管理支持平台和轻量级大数据分析平台等方法和工具的研究和构建思路等；给出了适用于山洪工程项目群管理方法体系结构。

4.2 项目群管理应解决的主要问题

山洪工程项目首先具备项目群的基本特征，同时由于其建设周期长、涉及项目多，导致管理难度加大。为了确保全面落实山洪工程总体规划目标任务，有必要深入、客观地分析和解决项目群管理在管理方法适用性、系统性和先进性等方面存在的一系列突出问题。

1. 经典的项目管理方法并不完全适用

对于大多数气象工程项目来说，其主要目的就是为满足社会经济发展、防灾减灾和公众生活水平提高对气象信息服务日益增长的需求。山洪工程作为防灾减灾非工程措施项目，围绕灾害监测预警信息制作与发布，其建设内容更多地体现在通过先进的科学技术手段，特别是以信息技术为支撑，建设气象监测、预报预警以及信息发布系统等，与信息技术的应用与发展相互依存，密不可分。正因如此，虽然山洪工程的总体目标已经明确，但由于信息技术发展、更新快，在山洪工程长周期建设过程中极易出现"建成即落后"的风险。深入分析其原因，主要是在项目群管理上缺少适用且有效的方法，其实质是科学管理问题。因此，在具体安排分阶段和分年度建设任务的过程中，如何应对这些风险，通过权衡技术成熟性和先进性，管控和分散潜在的技术风险，即在经典的项目管理理论和知识体系基础上，探讨适用于长周期建设的山洪工程项目群管理的方法，是目前亟待解决的问题。

2. 缺少满足实际需求的项目群管理方法体系

与单项目管理不同，山洪工程项目的管理对象是由相互关联且被统一协调管理的多个分年度建设项目组成的一个整体，构成项目群，对其实施项目群管理关注的是所有关联项目之间的整合以及协调管理等。如何根据实际需求，构建项目群管理方法体系，涉及项目群特征、基本管理要素、基本管理方法、管理平台，以及针对风险管理、信息集成管理和管理效果评价方法等一系列问题。因此，探索和研究一套先进且适用的项目群管理方法体系，提出整体解决方案成为关键问题。

3. 缺少先进的项目群管理方法和工具

正在建设中的山洪工程已经且正在持续产生大量数据，分别存储于不同的项目单位。对这些数据缺乏有效的统计分析，缺乏统一的总结、分析、提炼，不能有效利用，逐渐呈现出处理和控制难度大、实时信息交互量明显增加等问题。因此，从整个山洪工程项目群管理流程来看，如何以解决问题为导向，运用系统观点，从需求出发，研发先进的项目群管理方法和工具，使信息资源整合、共享，各参建单位能及时、有效的沟通，帮助管理者将项目群管理数据信息转变成可被利用的知识和价值？如何提高项目管理者对项目群管理大数据应用的认知程度和认知水平，突破对于复杂数据分析经验不足等困境，解决具有鲜明特点的项目群管理问题？这些问题看似简单，实则不易，且无经验可借鉴，成为需解决的关键问题。

4.3　项目群管理方法基本思路与主要步骤

实践表明，仅靠照搬和套用经典的管理方法是难以奏效的。而管理方法研究的主要目的就是，在实践的基础上，通过借鉴分析，提出有理论基础且被证明能够提高效率的管理技术、方法和工具，并推行落地。结合山洪工程项目群管理实践，重点围绕以下三个方面展开管理方法研究：

1）构建一个能与所有项目参与方进行沟通的信息集成管理环境。

2）明确应该关注哪些潜在的风险，如何制定风险的应对措施。

3）公正客观地评价管理效果，最大限度地达到项目的预期等。

4.3.1　基本思路

大量文献资料分析表明，目前项目群管理方法研究领域取得了一定的成果，其基本思想是在经典项目管理知识体系的基础上引入大数据应用，尝试解决在项目群管理中将大数据应用与项目群管理理论和方法进行有效结合。

山洪工程各年度建设项目之间是相互关联、相互制约、紧密联系在一起的，这增加了项目群整体协调管理的复杂性。因此，在项目群管理方法研究过程中，借鉴上述文献分析结论，采用层层递进的方式分析问题。首先，对山洪工程项目群特征进行分析，并据此提出项目群基本管理要素，即总体目标控制、项目跟踪管理和信息资源协调等；其次，借鉴基于大数据的项目群管理研究成果，结合山洪工程项目群特征与问题分析结论，探讨基于大数据的山洪工程项目群管理方法体系结构，从风险管理、信息集成管理和管理效果评价等角度进行管理方法的分析研究，形成对山洪工程项目群管理方法基本框架的完整描述。探讨在项目群管理中融入大数据理念和方法的目的是，通过大数据分析帮助项目管理者逐步完善对项目群管理的认识，找到更加广阔的思路、更加合适的方法为项目群管理实践提供技术支撑，从而改进和优化项目群管理，形成一个良性的闭环（图4-1）。

4.3.2　主要步骤

在山洪工程项目群管理实践基础上，按照"化繁为简、分而治之"的原则，将基于大数据的山洪工程项目群管理方法研究与构建分为三个步骤：

1）从山洪工程项目数量多、项目目标统一和信息资源统一配置等特征出发，系统性地凝练概括，并最终选取总体目标控制、项目跟踪管理、信息资源协调三要素作为山洪工程项目群的基本管理要素，即项目群管理过程中所必须具备的基本因素。

2）依托项目群管理理论，围绕项目群基本管理要素，针对山洪工程总体监管层面应该"管什么""怎么管""管得怎么样"等开展一系列研究，主要包括："基于大数据的山洪工程项

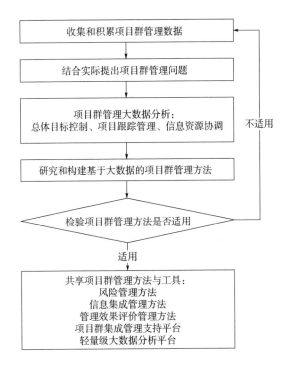

图 4-1　基于大数据的山洪工程项目群管理方法思路示意图

目群风险管理研究""基于大数据的山洪工程项目群信息集成管理研究"和"基于大数据的山洪工程项目群管理效果评价研究"等，给出实用可行的项目群管理方法，并列举实例证明其实用性和可操作性等。

3）在上述研究成果的基础上，运用系统思维方式，通过在项目群管理方法中应用大数据技术，根据维护山洪工程整体性、管理高效的原则，构建用于日常管理活动的集成管理支持平台和适用于山洪工程项目群管理的轻量级大数据分析平台，即项目群管理工具，分别用于提供信息化技术支撑以及向所有项目单位提供项目管理支持等。通过上述步骤，形成基于大数据的项目群管理方法体系。

4.4 项目群管理方法体系结构

在山洪工程项目群特征分析和管理要素分析的基础上，针对建设和管理中存在的问题，提出以项目群管理方法和项目群管理平台为主要内容的解决方案，相当于构建了山洪工程项目群管理方法体系结构（图4-2）。其主要用途是，明确在建设各阶段所要进行的各种管理任务，体现对项目群管理的整体描述和认识，对全部参建单位所有年度建设项目进行协调管理，使确保项目单位严格执行《山洪工程项目管理办法》，全面贯彻落实中国气象局关于山洪工程建设工作的总体部署。上述管理方

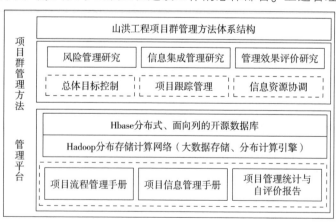

图4-2 基于大数据的山洪工程项目群管理方法体系结构示意图

法研究成果均已在跨两个"五年规划"的山洪工程长周期建设中，具体指导平均每年新增约 400 个年度建设项目的管理活动。

4.4.1　项目群基本特征与基本管理要素

1. 基本特征

此处略，详见第 2 章 2.2 节。

2. 基本管理要素

此处略，详见第 2 章 2.3 节。

4.4.2　项目群基本管理方法

经验表明，管理方法适用与否是评价项目群管理能力和水平的重要指标。因此，在积累足够多数据的基础上，借鉴国内外项目群管理研究的成果，围绕山洪工程项目群管理重点、难点问题，开展基于大数据的项目群管理方法系列研究十分重要。

1. 项目群风险管理

基于大数据的山洪工程项目群风险管理研究，主要是探讨如何有效提取工程建设和管理过程中的风险信息，提高风险识别的准确度，使呈现出来的数据更加专业化，针对性地制订风险规划方案，提升项目群管理抗风险能力。目前，在山洪工程项目数据信息快速增长的同时，其风险因素也在不断增加，如果未能跟上信息技术发展的步伐，对大量的积累数据无从下手，将导致项目群管理风险控制不当等问题（详见第 5 章）。

2. 项目群信息集成管理

基于大数据的山洪工程项目群信息集成管理研究，主要是通过对大量数据的收集整合和分析，改进和适应在已有项目管理模式下各种项目数据不能有效利用的尴尬状况。为此，探讨如何将项目管理理论与大数据分析相结合，针对基于大数据的项目群信息集成管理问题，通过大数据技术将大量的项目管理数据进行有效的收集、分析、利用，使山洪工程项目群总体目标控制、项目跟踪管理、信息资源协调等进一步优化，形成一个有机的整体（详见第6章）。

3. 项目群管理效果评价

基于大数据的山洪工程项目群管理效果评价研究，主要是探讨如何采用"大数据采集—寻找数据相关性—深度分析"的思维模式和分析方法。以山洪工程建设周期内产生的各类数据为第一手资料，进行基于统计分析的山洪工程年度建设项目管理案例研究。首先，提出实现数据收集、指标设计以及综合评价为一体的定量化管理效果评价思路与做法；其次，进一步探索基于大数据的项目群管理效果评价与第三方专业机构评价相结合的综合评价方法的可行性，使项目群管理效果评价从"经验评价"向"量化评价"转化，以提高管理效果评价的客观性和准确性等（详见第7章）。

4.4.3 项目群管理工具

山洪工程项目群管理工具主要是指，集成管理支持平台和轻量级大数据分析平台。它的构建主要是通过对项目管理信息资源以及管理活动信息等进行全面整合、配置和协调，实现对山洪工程的全过程管理。作为项目群管理工具，大数据分析平台主要用于分析、制作项目群管理产品；集成管理支持平台则用于发布和推广这些产品，实现信息共享，以年为期，逐年更新产品内容，年复一年地下发至项目单位。

1. 项目群集成管理支持平台

山洪工程项目群集成管理支持平台构建主要是：集成项目建设所需的管理办法、管理流程、量化的监管与评价数据，以及山洪工程建设中形成的全部文档信息等项目管理的全部应用，用于构造一个科学管理的氛围和环境。在此基础上，将所有的工程建设者和管理参与者视为关键资源，让他们真正了解工程建设及管理的目标、任务，培养共同的责任感和认同感，并通过应用《山洪地质灾害防治气象保障工程流程管理手册》（以下简称《山洪工程流程管理手册》）、《山洪地质灾害防治气象保障工程年度建设项目管理统计报告暨自评价报告》（以下简称《山洪工程统计与自评价报告》）和《山洪地质灾害防治气象保障工程信息管理手册》（以下简称《山洪工程信息管理手册》）等项目管理手册系列，向所有参与单位和参与者提供项目管理支持（详见第 9 章）。

2. 轻量级大数据分析平台

轻量级大数据分析平台作为开展山洪工程项目群管理大数据处理与分析应用所必需的基础设施，它的功能主要是：整合项目群管理信息资源，通过数据关联性分析，将分析的结果与项目群管理相结合，再通过线上线下相结合，辅助编写制作向项目单位提供项目管理支持的数据产品，即项目管理手册系列等，为项目群管理提供信息技术支持，将管理数据信息转化为"有用、能用、好用"的山洪工程项目管理手册系列管理产品等（详见第10章）。

4.5　总结与讨论

本章在山洪工程项目建设和管理过程中发现和解决实际问题的基础上，分析了山洪工程项目群特征，提出了山洪工程项目群基本管理要素，以及基于大数据的项目群管理方法体系结构，并将上述研究成果整理成对气象工程项目群管理方法的系统论述，在山洪工程建设过程中得到了应用。

从总体上看，在项目管理知识体系的架构下，有针对性地开发适用的理念和方法，是对气象工程项目群管理的有益探索。但是，目前我们对基于大数据的气象工程项目群管理方法研究工作仍处于稳步推进的过程中，虽然在山洪工程建设中相关的研究结论已被关注和重视，大部分研究结果也很快被应用，但还需对其可操作性进行验证，对实施效果进行有效性分析评价等，以期通过实施更科学合理的项目群管理方法获得更好的管理效果。

第5章　山洪工程项目群风险管理研究[⊖]

　　基于山洪工程项目前 8 年的统计与自评价数据，以及实地调研的项目单位建设情况，应用项目群风险管理理论和方法，从总体目标控制、项目跟踪管理、信息资源协调等项目群风险管理的关键环节进行山洪工程风险识别和分析，归纳和总结山洪工程风险管理的方法及其实现过程，对目前正被逐渐接受并应用的风险识别、分析方法和防范措施等进行较为详细的介绍。上述结论既可作为经验的积累，也具有一定的广泛性，可用于指导大型气象工程项目或类似的"小而广"的工程项目，通过选择最适当的风险防范措施，最大限度地对风险进行防范和管控，降低风险对工程造成的损失。

5.1　引言

　　山洪工程建设跨两个"五年规划"，是一个建设周期长、投

⊖　阳艳红，王玉彬．重大气象工程项目群风险管理研究与实现［J］．项目管理技术，2019，17（4）：72-76. 本文被中国人民大学书报资料中心复印报刊资料 C3《管理科学》2019 年第 7 期全文收录。本文被选为"2018 中国项目管理大会暨中国特色与跨文化项目管理国际论坛"第一分论坛——"项目管理应用与实践论坛"演讲主题。

资金额大、具有典型特征的项目群。它与所有"小而广"的项目一样，由于简化了前期审批程序，导致管理难度加大，且有一定的风险性。因此，有必要在项目群管理中引入适应更高要求的风险管理方法，对确认的风险实施有效防控，并采取措施处理风险所致的后果。

与项目管理相比，项目群管理不直接参与每个项目的日常管理，所做的工作侧重在整体上进行规划、控制和协调，指导各个项目的具体管理工作。项目群的风险管理工作是在集群环境下风险管理理论的应用和体现，不仅包括传统的单项目风险管理的内容，而且因为集群环境的存在，还受到每个项目冲突加剧、人力资源管理制度等因素的影响，进一步提升了风险识别的复杂性，给风险控制带来一系列新问题。在进行项目群风险管理时，可以使用单项目风险管理方法。

本章于山洪工程立项之初，在项目统计与评价的基础上，结合笔者的研究经历以及对 48 个项目单位项目全过程管理活动的调研，对 1500 余份项目单位的《山洪工程年度建设项目自评价报告》和《山洪工程年度建设总结》，200 余次现场检查和调研情况，以及《山洪工程统计与自评价报告》等进行了深入的分析。与此同时，通过风险管理分析研究和统计分析相结合的方法等，归纳出适用于"小而广"项目或大型气象工程项目的风险管理方法。即在工程建设过程中，首先，结合工程项目的实际情况，确定重点和关键环节以及风险归类等；其次，选择和运用适合的风险分析方法，定期检查、监测和梳理可能存在的风险点，以及产生这些风险的主要原因等；最后，通过专家会议等多种方法对监测到的项目活动涉及的风险进行甄别，根据本项工程风险特点制定切实有效的防范措施，最大限度地降低或避免由于长周期建设中对影响和制约工程项目的风险因素估计不足引起的项目群管理风险，保障工程项目顺利实施。

5.2　风险识别与分析

本章所探讨的山洪工程项目风险识别、分析内容主要是在《山洪工程统计与自评价报告》的基础上，应用鱼刺分析法，邀请具有专业知识和管理经验的专家进行分析判断，列出各类风险，按风险类别确定最主要的风险，认真查找分析其成因，提出风险防范和化解方案，从源头上消除风险隐患。山洪工程风险识别与分析示意图如图 5-1 所示。

5.2.1　目标控制管理风险

山洪工程建设无成熟的经验可借鉴，既要全面落实《总体规划》的目标、任务、要求，又要考虑如何与快速发展的气象业务接轨。如果只通过最初的《山洪工程指导方案》组织工程建设，可操作性不强，在后续过程中逐年安排和下达年度建设项目时可能引发原建设内容调整较大，以及项目进度安排和投资规模难以控制的风险。

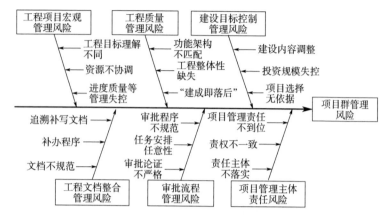

图 5-1　山洪工程风险识别与分析示意图

5.2.2　工程质量管理风险

由于信息技术等相关领域发展较快，在山洪工程长周期的建设过程中，任务分解的"碎片化"现象可能会造成年度建设任务与整体工程的基本功能架构不匹配，无法实现《山洪工程指导方案》中业务系统功能结构的设计要求，以及建设完成的项目无法自底向上进行叠加和逐层综合，进而影响工程的整体性。此外，由于《山洪工程指导方案》最初的版本中涉及的信息技术等内容无法适应科技的快速发展，无法满足工程技术先进性的需求，可能会导致年度建设项目选择偏离总体目标，出现"建成即落后"的风险。

5.2.3　项目主体责任风险

由于缺少具有"小而广"项目管理特点的项目管理办法，

未将不相容岗位进行分离，建设与管理的双重角色很可能造成
分年度建设项目管理责任主体没有真正落实、责权不统一、项
目单位不掌握项目建设全过程的管理责权、参建各方责权关系
不清、无法对项目建设全过程负责、项目管理难以履职等尴尬
局面。

5.2.4　审批流程管理风险

　　山洪工程按照"小而广"项目进行管理，以《山洪工程分
年度实施方案（任务分解方案）》为依据下达建设任务，不同于
以可研报告为依据的常规流程。如果没有针对性、可操作性强
的管理流程对其进行控制，虽然简化了审批程序，加快了审批
速度，但仍有可能增加项目前期不规范管理风险，易造成审批
程序认识混淆、审批标准降低、年度建设任务安排任意、年度
建设项目论证审批不严格等风险。

5.2.5　工程文档整合管理风险

　　山洪工程建设周期长，分阶段、分年度进行建设与管理，
具有项目数量多、种类多、跨年度、跨单位等特点，极易造成
项目统一命名无规则、项目单位各行其是、项目单位与项目审
批单位文档管理职责不清等风险。另外，整体工程收尾工作量
浩繁。如果项目单位未按规定及时进行竣工验收文档报备，而
是在若干年后追溯、补写验收材料，甚至是延迟补办验收程序，
则有可能涉及合同实际履行情况、相关文档真实性和完整性以

及验收工作可靠性等方面的验收违规风险。

5.2.6 工程宏观管理风险

由于周期长、参建单位多，无成熟的经验可借鉴，如果无宏观层面的进度、质量和投资控制，易造成各项目单位对工程项目目标的理解和预期不同，引发难以对总体工程项目进度、质量和投资规模等实施有效管理，直至造成工程目标失控的风险。

5.3 风险防范措施

按照以总体目标控制、项目跟踪管理、信息资源协调为三个核心要素的项目群管理框架，提出风险管理防范措施（图5-2），通过消除风险的成因或产生风险的条件，保护工程总体目标不受风险影响，提醒风险管理的主体——项目单位根据防范措施要求加强管理，使风险造成的损失降到最低。

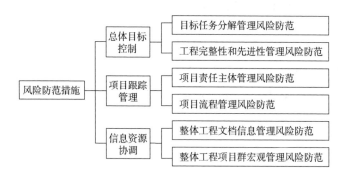

图 5-2 山洪工程风险防范措施示意图

5.3.1　目标任务分解管理风险防范

为确保全面落实《总体规划》的目标任务，避免由于建设周期长导致建设初期的一些假设不再成立，造成分年度安排建设项目时可能偏离总体建设目标的风险，可在进行目标任务分解的过程中，基于体系结构的系统设计思想，采取"由粗到细"分解落实《总体规划》目标任务的思路。

1）在分析山洪地质灾害防治对气象保障服务特殊需求的基础上，通过编写《山洪工程指导方案》提出一个逻辑模型，合理控制工程建设总体规模和投资，确定清晰的总体功能架构及主要建设内容，完成顶层设计，屏蔽底层细节。

2）通过编写《山洪工程分阶段实施方案》，把《山洪工程指导方案》的功能结构设计转化为分阶段实现的建设项目，在跨两个"五年规划"的建设实施过程中确定不同时段的建设重点，对以 2~3 年为一个阶段的建设任务进行分解，相当于建立项目储备库，作为年度计划安排的重要依据。项目单位据此编制《山洪工程年度建设项目可研报告》，组织实施项目管理，确保逐年安排尽可能贴近业务发展需求的建设内容，对整体功能结构的完整性基本无影响，最终实现将建设目标任务与气象事业发展规划相衔接的目标。

5.3.2　工程完整性和先进性管理风险防范

为有效避免由于山洪工程建设周期长而产生的项目分散、

集成性差等主要建设质量风险，保持工程建设的完整性和先进性，通过对新安排的年度项目进行质量控制，使工程"不但建起来，还要转起来"，最大限度地适应气象灾害监测预警业务发展需要。

1）在工程技术整体性控制方面采取措施，保证整体功能结构以及内容不出现较大变化和调整。即在《山洪工程分阶段实施方案》设计过程中的目标分解以及功能、结构划分原则与《山洪工程指导方案》中规划的分系统统一，以确保由此派生出需要同步实施的建设项目可以自下而上地进行集成，形成功能结构完整的业务系统。

2）在年度建设项目实施过程中，适当引进先进技术，在满足系统完整性的前提下，通过"功能延伸"等多种方式优化安排建设项目。例如，选择伴随技术发展的软硬件系统升级项目，或是选择功能与原设计相近但技术更先进、更成熟的项目等，以保持工程先进性。

5.3.3　项目责任主体管理风险防范

为有效避免管理责任不落实造成的风险，制定一个针对性和适应性强的项目管理办法，建立责任约束机制，明确责任主体、责任范围等。

1）通过印发《山洪工程项目管理办法》，明确省级气象部门是山洪工程年度建设项目的责任主体，对年度建设项目全过程及执行结果负总责，其目的是多一道把关，多一层控制。

2）将年度建设项目可研报告审批权下放到省级气象部门，按照《山洪工程项目管理办法》负责审批《山洪工程年度建设项目可研报告》，组织项目单位进行工程建设，并对工程质量、进度、投资等进行检查与监督，组织对竣工项目进行验收等。

5.3.4 项目流程管理风险防范

为避免"小而广"项目简化审批程序，增加项目前期不规范管理风险等，可在《山洪工程项目管理办法》中特别明确按照"小而广"类建设项目的管理流程进行管理。

采取的防范措施是：通过印发《山洪工程流程管理手册》的方式，落实《山洪工程项目管理办法》规定的所有流程，即在实践中不断地总结、凝练项目管理经验，找到管理交叉和管理缺位点，依据《山洪工程项目管理办法》画出"隐性"的管理流程，并加以分析和比较，形成从启动到验收等各阶段的流程，明确流程节点上谁承担什么角色、范围如何界定、每阶段应交付什么成果等，用以规范项目单位在项目管理活动中严格履行审核审批程序、招标采购控制机制，按照规定保存建设项目相关档案，并及时办理移交手续等管理流程。

5.3.5 整体工程文档信息管理风险防范

为避免长周期建设造成文档信息混乱，以及决策、管理、执行层之间的信息交流问题导致工程建设风险等，可采取编印信息共享手册等方式，达到既作为"工程建设中的快速检索工具"，又作为"工程结束后完整的验收文档"的效果。

1）以山洪工程年度建设项目启动、执行和收尾三大过程为主线，按照管理过程和管理要素建立检索策略，编写《山洪工程信息管理手册》，其章节编排与电子文档存储目录结构完全一致，提高检索的效率和文档利用率。

2）通过逐年滚动编写完成《山洪工程统计与自评价报告》和《山洪工程信息管理手册》等，累积形成必备文档，提高项目参与人之间的信息交流效率，使信息传递变得快捷、及时和通畅。

5.3.6 整体工程项目群宏观管理风险防范

为避免跨单位、跨年度项目数量多造成项目群管理风险，通过管理支持为项目单位解决在山洪工程建设中遇到的各种问题提供管理服务，构造一个项目群宏观管理的科学氛围和环境。

1）参考项目管理协会（PMI）项目群管理标准，将工程项目管理对象分为项目群和建设项目两个层次：一是在《山洪工程指导方案》框架下，通过《山洪工程分阶段实施方案》安排的建设项目集合，即项目群，可以随气象业务发展而适时调整；二是在《山洪工程分年度实施方案（任务分解方案)》中确定的，一经下达必须执行的项目，即建设项目。

2）加强项目群管理，与省级气象部门分担的建设项目管理不同，其最主要管理责任是项目群管理。通过对项目建设和管理的难点问题及其对策的研究，将研究结果转化为向项目单位提供"有用、能用、好用"的山洪工程项目管理手册系列，用于营造一个科学的管理氛围和环境。同时，通过逐年修订下发山洪工程项目管理手册系列等指导和规范建设和管理工作，减少因项目管理失误等所引起的风险，确保项目符合总体目标，提高项目实施成功率。

5.4　总结与讨论

本章提出的观点与结论都是根据第一手数据和实例得出的。其中，山洪工程项目风险分析及防范对策等，尽量突破时空的限制，在相对宽泛的范围内进行实证分析。例如，具有共性的项目建设风险点在哪里，如何制定相应的防范措施，如何向项目单位提供项目管理支持，等等。为了客观把握和全面了解相关的项目管理经验及其存在的主要问题，提出一套科学合理的风险管理方案。

结果表明，本章提出的贯穿于山洪工程项目群建设过程的建设目标任务分解、落实项目责任主体、项目流程管理、工程完整性与先进性管理、整体工程文档信息管理、工程项目管理支持 6 个重要环节的、具有针对性的风险防范和控制措施等，对实施科学管理、确保工程项目顺利推进起到了重要作用，明显提高了山洪工程的成功率，达到了有效控制风险的目的。

第6章　基于大数据的山洪工程项目群信息集成管理研究[⊖]

在气象工程项目日趋大型化、大数据在工程项目管理中的作用及影响越来越大的背景下，以山洪工程为例，以项目群管理理论为依据，研究解决气象工程项目群信息集成管理问题，提出基于大数据分析系统的信息集成解决方案，阐述基于大数据的气象工程项目群信息集成思路与做法，以及采用轻量级大数据分析系统进行项目群信息集成，实现项目群总体目标控制、项目跟踪管理和信息资源协调管理优化、信息集成产品输出的过程等。研究结果已成功应用于管理实践。

6.1　引言

随着我国气象工程项目逐渐朝着大型化、综合化的方向发展，传统的单项目管理已经难以满足发展的需求，因此有必要在传统项目管理的基础上引入项目群管理理论与方法，改进和优化气象工程项目管理。国内外相关研究成果表明，信息集成

⊖　阳艳红，王玉彬．大型气象工程项目群信息集成管理研究及实现［J］．项目管理技术，2019，17（9）：65-69．本文荣获"2019年度中国项目管理优秀论文奖"。

已成为项目群管理的基础与关键，研究项目群信息集成管理具有重要的理论意义和现实意义。基于大数据技术的信息分析平台是信息集成的基础，重点关注数据中可能蕴含决策支持的关键属性，并给出有价值的工程项目管理决策支持信息等，可明显提高项目群信息的利用效率和使用价值。山洪工程是典型的特大型气象工程项目群，具有阶段性和分布性等特点。如何通过管理创新，探讨以项目群管理理论为依托，基于大数据的信息集成及其运行机制实现途径，使山洪工程成为信息集成管理环境下的有机整体，是类似的大型气象工程项目群管理过程中普遍存在且需要深入研究的热点问题。

本章通过山洪工程项目群信息集成管理研究，尝试使用轻量级大数据分析系统将逐年形成的大量管理数据进行整理汇总、深入加工分析，从中获取有价值的信息，并将其转化为实用的项目群信息集成产品，不仅能够提高信息的有效获取率和利用率，还可实现山洪工程总体目标控制、项目跟踪管理和信息资源协调管理优化，达到提高项目群监管能力的目的。实践表明，基于大数据的项目群信息集成是提高项目群管理水平、向项目相关方提供全过程管理支持的重要途径。

本章阐述了按照大型气象工程项目群信息管理的特点，选择轻量级大数据分析系统，实现基于大数据的信息集成思路和做法，并简要介绍了实现山洪工程项目群信息集成、信息集成产品输出、项目群管理优化的实现过程等。

6.2　需要解决的问题

结合管理实践、文献及政策调研，本章认为在新一代信息技术发展的背景下，项目群管理的方式、方法等都发生了相应的变化，如何在山洪工程管理过程中借助大数据技术提供更有效适用的信息管理方法和工具等，是需要深入研究的关键问题。

6.2.1　基础平台选择问题

山洪工程是《总体规划》中由气象部门分工负责的建设任务。目前，已经在跨"十二五"和"十三五"两个"五年规划"期间，平均每年向国家、省、地、县四级气象部门转下400余项年度建设项目，按计划还将继续投资建设，为此逐年积累了大量的中后期监管数据。伴随着工程信息量的逐年增加，项目监管要求变得越来越严格，使用以表格处理软件为主的统计工具已经很难满足需求。因此，如何让项目管理大数据在项目监管中发挥更大的效力，如何构建大数据分析基础平台问题等成为需要解决的关键问题。

6.2.2　运行机制问题

由于山洪工程建设周期长、分年度建设项目多、参建单位多，实施过程中易产生监管流程不顺、监管信息缺失等现象，以致无法满足项目群管理对信息集成和共享利用的需求。因此，有必要探讨如何以高效的大数据分析平台为基础，构建项目群信息集成及其运行机制等。即建立基于大数据的信息集成环境，将分散在各项目单位的工程信息集合成有机整体，将传统的信息处理流转方式转变为通过大数据分析平台的信息共享能力成为需要解决的关键问题。

6.2.3　管理优化问题

由于山洪工程总体目标控制、项目跟踪管理和信息资源协调等多维度项目群信息之间相互影响和关联的数据分析挖掘不够深入、分析内容不够全面，综合分析和管理应用有待加强。因此，如何在信息集成平台上制作和输出相应的信息集成产品，使整个工程呈现整体性和集约性特征，实现项目群管理优化是需要解决的关键问题。

6.3　大数据分析平台

在长周期建设过程中不断积累的山洪工程大数据包含着很多有价值的数据信息，但是随着工程信息量的逐年增加，传统工具已经很难满足需求等问题日趋紧迫。为了激活信息资源，实现信息集成与管理优化，需要构建便于部署并能高效分析、加工和利用工程信息的大数据分析系统。

6.3.1　大数据分析系统选择

以山洪工程信息集成需解决的问题和项目群信息集成情境作为切入点，从可用性及计算资源需求等因素出发，按照信息可便捷提取、灵活存储、快速交流的实操性需求，分析和研究信息集成解决方案，确定选择容数据（Swift data）轻量级大数据分析系统（以下简称"大数据分析系统"）作为信息集成的基础平台。该系统屏蔽了大数据技术的复杂性，通过点击和拖拽即可方便地调用分布式计算框架，对数据进行回顾性、多维度、精细化数据分析、加工以及可视化处理等，相当于提供了一种新的可操作性强的信息处理方式，使具有较长建设周期的山洪工程能适应不断变化的发展环境，最终实现工程建设和管理目标。

6.3.2　大数据分析系统功能设计

在借鉴和参考相关研究成果的基础上，结合山洪工程项目群管理的需求，明确大数据分析系统的基本功能如下：

1）可以使用格式配置器实现对数据的标准化导入，通过自动清洗和人工清洗实现数据质量控制和管理。

2）可以拖拽实现表格列移动，通过模块化的分析功能实现各种分析图表制作、精准数据统计分析，以及多表数据关联分析。

3）可以通过对数据的标签式解读，从大量数据中发现隐性规律，实现数据挖掘。

4) 可以将数据分析结果以可视化方式呈现, 提高分析结果的直观性。

5) 轻量级搜索引擎可以对导入的数据建立全文分词索引, 进行主题检索和条件检索等。

6.3.3　大数据分析系统结构设计

1. 系统组成

从上述功能出发, 大数据分析系统设计思想总体上以数据为中心, 实现数据资源管理的汇总和分析等, 有利于信息集成管理。按照其内在的关系划分, 大数据分析系统的总体结构由分布式计算网络、多数据源支持、数据导入、数据分析和可视化 5 个部分构成, 总体架构设计如图 6-1 所示。

图 6-1　大数据分析系统总体结构设计示意图

2. 运行环境

大数据分析系统基本运行环境由云计算集群和软件组成。

系统采用基于 Hadoop 分布式处理与存储计算框架，分别由 6 台 Linux 虚拟机组成：HadoopMaster、HadoopSlave1、HadoopSlave2、轻量级搜索引擎 Solr、网络文件系统 NFS，以及用于存储用户名、密码等信息的关系型数据库 MySQL。硬件配置为：E5-2603 V4 6 核 CPU、32G 内存、2×800G10K 硬盘、千兆网卡。系统采用模型化设计模式（MDA），实现并支持 SOA 架构；各层采用成熟的、符合技术标准、综合性能较好的数据库，适用于主流操作系统。

6.4 项目群信息集成及管理优化

本章以山洪工程管理实践为基础，以项目群管理理论为依据，通过大数据分析系统研究解决项目群信息集成问题，同时也更注重信息集成产品的开发应用及项目群管理优化。

6.4.1 信息集成架构

基于大数据分析系统的信息集成架构是山洪工程信息集成的基础，相当于构建了一个可向项目相关方提供项目管理支持的虚拟环境（图6-2）。其主要作用是实现项目群信息集成及项目群管理优化，确保工程项目建设总体目标的落实。

山洪工程信息集成架构包括大数据及分析系统、信息集成和项目群管理优化三个层次，具体内容为：

1）山洪工程大数据是通过制定规则，由不同项目单位逐年

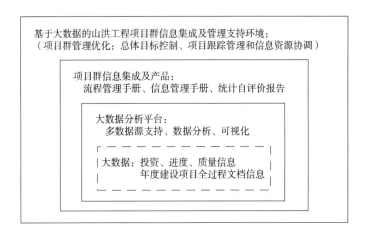

图6-2　基于大数据的山洪工程信息集成管理示意图

滚动报备的年度建设项目全过程文档等累积形成，主要包括已整理成二维表的结构化数据、管理文档等非结构化数据等。

2）信息集成是通过使用轻量级大数据分析系统的各项功能把分散在各项目单位的信息整合在一起，统一输出有价值的数据分析结果等，解决工程文档分散存放、展现形式不直观、互动不足、单机处理性能的限制等问题，实现项目群管理过程中决策、管理、执行等不同层级和不同项目单位之间的资源共享，并建立相应的信息集成运行机制等。

3）项目群管理优化是信息集成产品在项目群管理中的开发应用，即将信息集成产品用于项目群管理效果的同步展现，最大限度地避免在项目群管理中出现目标控制不严格、项目跟踪管理不规范、信息资源协调不到位等问题。

6.4.2 总体目标控制信息集成及管理优化

总体目标控制管理信息集成及管理优化的主要思路是：通过大数据分析系统实现对分阶段、分年度建设项目建设目标执行情况的数据分析，为决策部门提供年度建设项目选择及其目标控制信息支持。实现山洪工程总体目标控制，应通过大数据分析系统的相关功能辅助制作分年度建设项目储备库信息以及对目标控制有价值的决策建议等，用于完成年度建设项目的选择，确保在跨两个"五年规划"的长周期建设中按照分阶段目标分解原则等平衡和选择分年度建设任务，不偏离《总体规划》制定的目标。

此外，在对山洪工程分阶段、分年度建设目标进行界定的前提下，通过大数据分析系统的模块化统计分析功能等，对相关信息进行手工与半自动汇总、整理，从记录和回顾中总结工程进展过程中分阶段建设项目的变化轨迹，制作输出表格和图形化分析结论等，用于逐年编制印发《山洪工程统计与自评价报告（总体目标控制部分)》《山洪工程年度建设项目投资分析报告》，分析各阶段目标完成情况及总体平衡状态，判断不可预见的技术发展等环境因素带来的影响等，以确保年度建设项目在变化过程中始终处于可控状态，控制和管理变更，避免出现分年度建设项目目标完成后工程总目标却未完成的现象等，实现年度建设项目的目标控制。

6.4.3　项目跟踪管理信息集成及管理优化

项目跟踪管理信息集成及管理优化的主要思路是：通过大数据分析系统实现年度建设项目质量控制、投资控制、进度控制实际执行情况的及时汇总和梳理，提出应采取的必要措施等。实现项目跟踪管理，应通过大数据分析系统半自动处理与手工汇总、整理相结合，分析制作《山洪工程统计与自评价报告(项目跟踪管理部分)》，逐年修订印发，用于持续跟踪观察所有项目单位分年度建设项目实施过程中的投资、进度和质量管理的真实情况，评价年度建设项目进展状态以及各个阶段管理措施是否落实等情况，从数据信息中发现执行过程中的共性问题，统一协调项目单位间的项目管理，达到"用数据管理"的效果。

此外，以《山洪工程项目管理办法》为依据，通过大数据分析系统可用于完成对《山洪工程流程管理手册》的逐年修订印发，也可用于在长周期建设过程中适时地对各建设阶段信息进行分析加工，全面分析项目管理过程轨迹，对分年度建设过程中出现的新问题做出评价并加以分析和比较，再通过检索记录和跟踪回溯某时间段的项目执行状态等，不断完善、改进和优化项目群管理流程。

6.4.4　信息资源协调管理优化

信息资源协调管理优化的主要思路是：通过大数据分析系统实现对山洪工程所有信息资源及相关活动的组织、协调和控制，在决策、管理和执行层之间实现信息资源共享。实现信息资源协调管理优化，应通过大数据分析系统对在建项目的信息资源协调、对已建项目的信息回顾性处理等，使所有项目单位之间能通过对信息资源的甄选、分析和加工，获得与整个工程项目群总体目标控制、项目跟踪管理相一致，翔实完备、真实可靠的信息，以此提高信息共享水平。

此外，按照《山洪工程项目管理办法》获取相关文档、资料、图表和数据等各类信息，通过大数据分析系统对导入的数据建立全文分词索引，建立数据资源目录，实现文档合理分类、编排，并建立信息目录编制、更新和维护运行机制，及时维护和更新信息，确保所提供的共享信息与项目单位所掌握信息的一致性，使所有项目单位可以方便地进行主题检索和条件检索等。与此同时，通过大数据分析系统可完成年度建设项目从启动、执行到收尾过程数据的模糊特征查询条件设置，获取相关联数据信息，进行综合利用及历史追踪，并将分析结果用于编制《山洪工程信息管理手册》，逐年修订印发，作为对现场检查等监管方式所获信息的补充和积累，统一协调项目之间的信息共享和沟通管理，使得信息交换、传递变得快捷、及时和通畅。

6.5　总结与讨论

本章以项目群管理理论为基础，结合山洪工程项目群信息集成实践，阐述了以轻量级大数据分析系统为基础平台，运用大数据技术与项目群管理理论和实践相结合的思想，研究解决山洪工程项目群信息集成管理问题，以及在此基础上实现项目群管理优化的过程等。结果显示，山洪工程项目群信息集成的成功实践，验证了基于大数据分析系统实现山洪工程项目群信息集成、管理优化，以及信息便捷提取、灵活存储、快速交流的实操性需求和可行性，有助于更好地理解基于大数据的大型气象工程项目群信息集成技术与方法，以及项目群信息集成管理模式与运行机制创新等。研究结果对于实现项目群的科学组织、协调和控制，避免因缺乏有效信息沟通导致的项目群监管缺失问题，进一步提高我国气象工程项目群信息化管理水平等具有一定的借鉴意义。但是，基于大数据的大型气象工程项目群信息集成管理作为一个新的课题，有关大数据对项目群管理的作用及影响，以及如何在项目群管理大数据中深入挖掘潜在有用的信息和知识，以构建一套更加完善和成熟的项目群信息集成管理体系等，都是需要继续深入研究的问题。

第7章　基于大数据的山洪工程项目群管理效果评价研究

本章依据现代项目管理理论，以山洪工程为例，分析项目群管理效果评价中存在的问题，提出基于大数据的山洪工程项目群管理效果评价方法；简述山洪工程项目群管理效果评价指标设计，使用轻量级大数据分析系统进行项目群管理效果自评价的研究及实现过程，以及第三方专业机构最终给出山洪工程项目群管理效果综合评价结论的思路与做法等。研究成果已应用于管理实践。

7.1　引言

大型气象工程项目是气象部门提供公共气象服务的重要载体之一，其管理效果是气象部门绩效的重要组成部分。科学、客观地对其管理效果进行评价，有助于提高部门绩效。随着气象工程项目日趋大型化，单项目管理效果评价方法已不能满足大型气象工程项目管理需求，有必要引入项目群管理理论，改进和优化管理效果评价方法。国内外同类研究表明，基于大数据的评价方法注重对数据的深度分析，为评价提供直观、客观、可靠的依据，可明显提高评价水平。

　　山洪工程是典型的大型气象工程项目，具有项目群特征，以及阶段性和分布性等特点。如何从实际需求出发，探讨基于大数据的项目群管理效果评价方法，使评价结果更客观、更公正，是类似气象工程项目群管理过程中普遍存在且需要深入研究的重点、难点问题。本章通过山洪工程项目群管理效果评价研究，尝试使用轻量级大数据分析系统统一收集、存储和管理逐年产生的大量管理数据，并进行数据加工、分析和可视化等，不仅可提高评价数据获取、处理效率和数据应用分析能力，优化评价指标选择、指标权重确定等，给出客观、高效的项目群管理效果自评价结果，还可为第三方评价提供信息共享、沟通渠道，以便第三方专业机构最终给出更客观、更公正的山洪工程项目群管理效果综合评价结论。

　　本章阐述了按照山洪工程项目群管理特点，选择轻量级大数据分析系统，实现基于大数据的项目群管理效果自评价，以及对山洪工程项目群管理效果得出定性与定量相结合的综合评价结论的过程等。结果表明，山洪工程项目群管理效果综合评价可全面、真实地反映项目群管理现状、趋势以及改进方向，有助于持续改善项目群管理效果。

7.2　需要解决的问题

　　山洪工程建设周期长、分年度建设项目多，且参建单位多，如果使用传统的气象工程项目管理效果评价方法，一方面，由于偏重经验和定性描述的总结评价，难以系统地反映总体管理效果，对项目单位遇到的一些共性问题也只能给出一些似是而非的解释，易造成年度建设项目监督管理流于形式等问题；另一方面，由于第三方评价主体对大型气象工程项目管理效果评价的理解还不够专业，自评价主体缺乏评价实践经验和能力等，使评价工作缺乏客观性、可靠性和可操作性。因此，如何在山洪工程项目群管理过程中借助大数据技术，提供更有效适用的项目群管理效果评价方法和工具及其应用等，是需要深入研究的关键问题。

7.2.1　缺少基于大数据的分析工具

每年平均有 400 余个山洪工程项目完成竣工验收，同时仍在按计划安排新的年度建设项目。面对持续增长的项目管理信息资源，缺乏对管理数据进行有效处理的分析工具。因此，如何通过构建基于大数据的分析工具，实现高效地收集、整理和分析反映项目群管理各环节的统计数据，满足日益增长的项目群管理效果分析需求，成为需要解决的问题。

7.2.2　评价方法不完善

在山洪工程历时 9 年的长周期建设管理过程中，虽然积累了 3000 余项年度建设项目管理信息，但信息来源分散，许多项目管理活动难以定量描述，使分年度建设项目管理数据之间、分年度建设项目与项目群数据之间难以建立有效连接。因此，不同年度建设项目之间的评价指标缺少可比性，很难确定统一的量化评价标准，评价结果受评价主体专业知识和技能的影响较大。如何利用大数据分析工具，从这些信息资源中获取与项目群管理效果评价有关的数据规律，构建定性与定量相结合的综合评价方法，成为需要解决的问题。

7.2.3　评价结果的应用不够充分

管理效果评价的目的是改进管理水平，重点是整合、分析和管理数据，用好评价结果。目前，管理效果评价结果主要用于不同项目及其项目单位的年度考核等，往往忽视了评价在改进管理以及为新建设项目决策提供依据和建议等方面的作用。因此，如何通过大数据分析工具多维度直观展示评价结果，发现和暴露项目管理工作中遇到的困难和问题，通过大数据关联分析给出成功和失败的原因，并输出相应的大数据分析产品，使项目群管理效果评价与项目群管理水平同步提升，成为需要解决的问题。

7.3　评价指标设计

评价指标作为衡量项目群管理水平的标准，是实现山洪工程项目群管理效果评价的关键。山洪工程项目群管理效果评价指标的设计思路是：以年度建设项目统计指标为基础，通过构建年度建设项目统计指标与项目群总体目标控制、项目跟踪管理和信息资源协调等基本管理要素的对应关系，将年度建设项目统计指标的具体值转换为项目群管理效果评价指标值，体现项目群管理的规范性和量化程度，用于衡量和考察项目群管理效果。例如，依据山洪工程分年度建设项目投资情况统计指标值，计算反映工程总体投资结构的项目群评价指标值，判断工程总体目标控制是否有效等。

7.3.1　评价指标分类

评价指标设计，一方面，要结合山洪工程具有持续分年度实施的特点，使分年度的建设项目管理统计指标具有年度之间或地区之间可比性；另一方面，应尽可能减少年度建设项目统计指标的数量，既要避免重复的、不必要的指标设置，又要避免数据来源难以落实或者数据真实性无法核对的指标设置。

评价指标分为两种：一种是以百分数表示的抽象化的指标，主要是为了对重要管理环节做更深入的了解。例如，用实际招标数与应招标数的比值反映招标执行情况。另一种是用数据形式表示的统计指标，以表明事物的密度、强度和普遍程度等，主要用于反映在某一时间段的基本情况。

7.3.2　总体目标控制评价指标

总体目标控制评价主要是对《总体规划》中气象保障工程建设总体目标落实情况的评价。因此，以山洪工程多年度累计投资情况等为基础，设计用于描述资金投入强度、区域投资分布、业务系统投资分布等情况的具体指标。例如，分年度实际累计完成投资金额、西部省份投资比例以及业务系统投资比例等。

总体目标控制评价指标主要用于：

1）反映逐年启动的山洪工程年度建设项目是否按照《山洪工程指导方案》《山洪工程分阶段实施方案》《山洪工程分年度实施方案（任务分解方案)》逐级分解落实总体目标任务，以及山洪工程建设最终是否能将相互联系的五大系统构成统一整体及其技术与装备配置的合理性。

2）反映山洪工程长周期建设过程中是否有效应对新技术发展导致的项目初期的一些假设不再成立的实际情况，以及与气象事业发展规划目标和任务的衔接情况等。

7.3.3　项目跟踪管理评价指标

由于山洪工程具有较长周期和多年持续建设的特点，设置项目跟踪管理评价指标等主要用于对已竣工的年度建设项目的整体情况进行评价。因此，以山洪工程年度建设项目管理的启动、执行监控、收尾三大过程为主线，依据《山洪工程项目管理办法》及相关法规规章设计具体指标，并通过分析从项目审批、实施到验收过程中的成功经验和出现的问题，明确"符合规定"与"违规"的界限等，主要用于了解山洪工程年度建设项目的整体完成情况，研判年度建设计划是否可按目标要求完成，以及发现问题并及时提出解决方案，确保顺利地组织实施工程建设和管理工作。

1. 启动过程管理情况

围绕年度建设项目投资安排及其执行管理等，主要设计描述已竣工的分年度建设项目总体审批流程执行情况、项目招标采购执行情况的具体指标，以反映年度建设项目审批程序是否依照《气象基本建设项目管理办法》和《山洪工程项目管理办法》进行。例如：

1）设置分年度建设项目可研报告批复率等统计指标，考察山洪工程在分年度建设项目审批全过程中的各项工作是否遵循先后顺序。

2）从项目单位转下投资计划开始，设置项目单位转下投资计划情况、落实批复的可研报告情况，以及项目单位实施方案批复情况等内容组成的统计指标，描述项目单位年度建设项目投资计划的实际执行情况，反映项目单位贯彻落实投资计划的一致性程度等。

3）设置招标执行率以及不同规模项目采用的采购方式等统计指标，了解和掌握山洪工程建设中符合《中华人民共和国招标投标法》和《中华人民共和国政府采购法》规定的必须进行招标项目的执行情况。

2. 执行与监控过程管理情况

围绕对年度建设项目的监督与控制管理情况，设计描述已竣工的分年度建设项目进度管理情况、质量管理情况、预算执行情况、重大变更情况的具体指标，用于反映总体投资、进度、质量目标实现程度。例如：

1）设置项目单位管理制度执行情况的统计指标，描述项目管理规范化情况，反映《山洪工程项目管理办法》等制度是否能够使项目单位的项目管理工作有条不紊、最大限度地降低管理风险等。

2）设置平均监督检查次数等统计指标，描述总体质量管理措施的实施情况等。

3）设置项目管理领导分工情况、项目管理牵头职能处室情况、项目管理人员配置情况等统计指标，反映山洪工程项目管理办公室的运行情况。

3. 收尾过程管理情况

竣工验收是年度建设项目收尾过程中的关键环节，竣工验收不合格，不得交付业务，不得办理固定资产移交手续。为此，围绕年度建设项目的验收、档案、总结管理等，主要设计描述已竣工的分年度建设项目竣工验收情况、档案管理情况，以及建设成果交付运行情况的具体指标。例如：

1）设置业务验收完成率、竣工验收完成率等统计指标，描述和反映各年度建设项目投资计划目标的实现程度，有效控制各项目单位、各建设项目在长周期建设过程中的系统性、完整性。

2）设置主要设备使用年限法成新率指标等，掌握和了解自动站、计算机、服务器等主要设备建成后的使用情况。

3）对已竣工项目建设直接形成的固定资产情况进行统计分析，围绕年度建设项目建设成果设计描述新建的具有工程技术先进性的主要软硬件装备形成固定资产的数量情况等具体指标，主要用于反映给定时期内山洪工程累计新增、新创造价值情况的评价与总结等。

7.3.4　信息资源协调评价指标

信息资源协调主要是以信息资源的整体优化为目标，将项目群各管理要素信息集合成一个有机整体，其管理效果评价用于反映项目各参与方信息共享、沟通情况。例如，信息检索效率、信息资源应用率等指标，用于描述山洪工程所有信息资源收集、整理、分析、产品制作和发布情况等。

7.4　项目群管理效果综合评价

山洪工程项目群管理效果综合评价，是第三方专业机构参考基于大数据的山洪工程项目群管理效果自评价结果，从第三方独立、公允、客观和全面的立场衡量项目群管理效果，最终给出综合评价结论的过程。

1）应用大数据分析系统实施山洪工程项目群管理效果自评价，最大限度地避免由于主观性、片面性等造成的数据偏差，使自评价结果更客观、更有效，为第三方评价提供有效参考。

2）委托第三方专业机构参考基于大数据的管理效果自评价

结果，根据专业机构自身的评价程序和专业知识，结合山洪工程的具体情况进行定性与定量相结合的评价，最终给出综合评价结论，作为有效的外部监督，可使项目群管理效果评价更客观，弥补自评价缺乏公正性等问题，并可用于改进项目群管理水平，提高工程实施成功率（图 7-1）。

图 7-1　基于大数据的山洪工程项目群管理效果综合评价示意图

7.4.1　大数据分析系统

根据山洪工程管理实践，为实现基于大数据的山洪工程项目群管理效果自评价，经需求分析，选择大数据分析系统。大数据分析系统由分布式计算网络、多数据源支持、数据导入、数据分析和可视化五大部分构成，主要用于提供数据便捷提取、灵活存储、精准数据统计，以及多表数据关联分析、统计结果查询分析等基本功能。其处理流程主要包括：

1）通过格式配置器标准化导入结构化程度不同的数据文件。

2）兼顾数据安全性和检索效率，将上述数据分别存储于

Hadoop 分布式文件系统及 Solr 轻量级搜索引擎。

3）半自动处理与手工分类整理相结合进行数据加工。

4）采用大数据可视化框架技术等，从多个维度直观地反映数据处理后的评价结果。

7.4.2 基于大数据的自评价

山洪工程项目群管理效果自评价是应用大数据分析系统实施统计评价的过程。即以所有已竣工的年度建设项目统计自评价为基础，结合为实现各年度建设项目之间的协调和控制等进行的其他项目群管理活动资料，通过大数据分析系统对项目群管理进行系统、全面、客观的统计分析和评价，主要包括大数据收集与存储、评价指标及权重系数确定、形成管理效果自评价结果等过程（图7-2）。

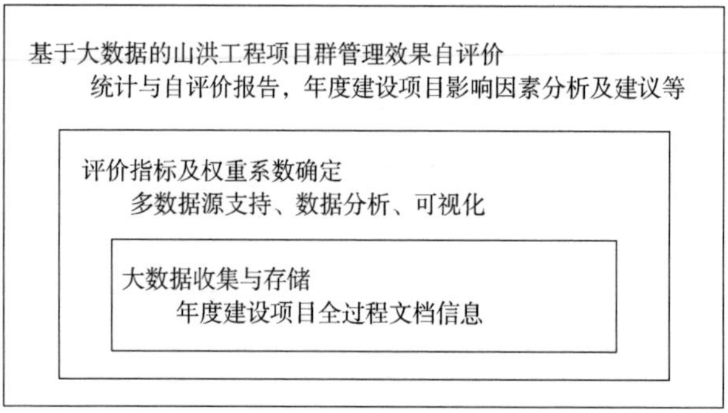

图 7-2　基于大数据的山洪工程项目群管理效果自评价示意图

1. 大数据收集与存储

依据年度建设项目管理关键环节设计相应统计指标，规范项目单位《山洪工程年度建设总结》和《山洪工程年度建设项目自评价报告》内容，实现年度建设项目统计数据收集的一体化，并通过大数据分析系统线上线下分类整理相结合逐年积累形成山洪工程项目群管理效果信息库，实现数据描述山洪工程项目群管理的实际情况，可为后续数据分析、可视化等提供高效、可扩展的数据获取功能。

2. 评价指标及权重系数确定

1）通过大数据分析系统，结合项目群管理理论和专家经验判断，从本章7.3节评价指标中选取具有指示意义的核心指标，即从山洪工程项目群总体目标控制、项目跟踪管理、信息资源协调等管理效果评价指标中选取 3 个一级指标、8 个二级指标、21 个三级指标。

2）基于大数据统计分析各指标多年度的全量数据，以及各指标实际数据序列呈现的内在规律，结合专家经验确定各指标在统计综合评价中的权重系数；结合项目群管理知识以及相关政策、法规和制度规定等确定各指标的评价标准值等。

3）可视化展示评价过程中得到的各种中间结果，用于分析数据之间的联系和隐含的规律等。例如，图形展示评价指标值随年度变化情况，用于比较分析各年度评价结果等。

3. 形成管理效果自评价结果

通过大数据分析系统，依据评价指标、权重系数及评价标准，按照统计综合评价方法得到整体评价结果，并逐年滚动累计制作、印发《山洪工程统计与自评价报告》，用于判断：分解落实山洪工程项目建设目标任务的决策等是否准确到位；采取的项目群管理技术手段和工具为各项目单位提供的管理支持、督办等是否及时和有效；作为年度建设项目的责任主体，各项目单位在贯彻落实相关的工程项目管理办法、完善项目管理机构、切实承担工程建设的监管职责等方面是否有效和成功；是否全面完成山洪工程年度建设项目任务，并给出山洪工程总体目标控制、项目跟踪管理、信息资源协调等管理效果评价结论。

在上述自评价基础上，围绕山洪工程年度建设项目管理的启动、执行监控和收尾三大过程，利用大数据分析系统的数据检索和可视化等功能模块，分析指标之间的各种关联关系、同一指标年度值的变化规律等，结合山洪工程项目管理专家意见，给出分年度建设项目管理过程中的主要影响因素及其概率估值，对可能造成管理风险的问题提出具有警示作用的具体改进措施，并制作《山洪工程年度建设项目影响因素分析及建议》，逐年印发，用于及时发现和解决项目管理中的共性问题。

7.4.3 管理效果综合评价的思路与做法

在山洪工程项目群管理效果评价实践中，应用项目群管理效果综合评价方法，委托第三方专业机构完成山洪工程项目群管理效果综合评价及《山洪地质灾害防治气象保障工程中期评估报告》编写工作。

委托第三方进行山洪工程管理效果综合评价的具体做法主要分为三个步骤：

1）根据上述基于大数据的自评价基本流程和架构，编写《山洪工程统计与自评价报告》《山洪工程管理效果评价任务大纲》（以下简称《评价任务大纲》），作为自评价与第三方评价信息共享、沟通渠道，也作为委托评价的要求，从山洪工程项目群管理特点出发，重点说明获取评价数据可能用到的方法、评价范围、关键评价内容、预期成果等。

2）作为委托方，以合同方式将管理效果评价工作委托给具有相应资信的工程咨询机构，即第三方专业机构，由工程咨询机构参考《评价任务大纲》所提出的委托方要求，提供独立客观的、针对性强的个性化评价服务。

3）工程咨询机构参考基于大数据的自评价结果，通过实地调研、问卷调查等途径搜集数据信息，掌握山洪工程实施情况，采用资料评价、现场验证等方法进行量化分析和专业分析，给出管理效果综合评价结论以及各项目相关方管理活动的整改措施和具体建议等。

7.5　总结与讨论

本章以项目群管理理论为基础，结合山洪工程项目群管理效果评价实践，简述了使用轻量级大数据分析系统研究解决山洪工程项目群管理效果自评价过程，在此基础上引入第三方专业机构实施项目群管理效果综合评价等。通过山洪工程项目群管理效果评价的成功实践，探索大数据思维在项目群管理效果评价中应用的可行性。研究结果对于进一步优化气象工程项目群管理效果评价方法，实现科学合理的项目群管理效果评价，避免因缺乏客观性、公正性导致的评价结果不能有效应用等问题具有一定的借鉴意义。但是，大数据的气象工程项目群管理效果评价作为一个新的课题，如何挖掘大数据潜在价值、提高自评价水平，如何使专业机构第三方评价结果更具独立性和客观性，进而构建一套更加完善和成熟的项目群管理效果评价方法等，将是需要继续进行深入研究的问题。

第8章　大数据在山洪工程项目群管理应用中存在的问题与对策分析研究

在气象工程项目群管理中应用大数据技术，其核心问题是对项目管理数据进行科学有效的分析处理。本章通过对山洪工程项目群管理大数据分析处理过程的分析、总结，认为目前仍不同程度地存在数据质量、数据有效性以及数据实用性等主要问题，并有针对性地提出制订切实可行的大数据专项计划、加强大数据开发人才培养、找准大数据开发应用的定位等对策建议。

8.1　引言

随着气象工程项目群管理中积累的数据资源越来越多，在发展和需求的双重驱动下，大数据技术应用既为气象工程项目群管理带来无限发展机遇和广阔前景，也提出了前所未有的挑战。以山洪工程为例，大数据的应用的确产生了不同凡响的应用效果，进一步增强了我们在项目群管理中应用大数据技术的信心。但从严格意义上来说，尽管项目管理数据资源属于"难以用常规的软件工具在容许的时间内对其内容进行抓取、管理和处理的数据集合",适于应用大数据技术,但由于其相对于数据密集领域,数据量尚不充足,具有一定的局限性。因此,基于大数据的山洪工程项目群管理方法研究看似简单,真正做起来却很难。本书期望能够在大数据的山洪工程项目群管理方法研究成果的基础上,进一步呈现其应用的特点,进而指出基于大数据的山洪工程项目群管理中存在的主要问题,提出相应的对策,以期对深入分析大数据在气象工程项目群管理案例的适切性、实际应用以及推广项目管理经验有所借鉴,为其他气象工程项目群管理提供一定的参考。

8.2 存在的问题

以山洪工程为例,在项目群管理方法研究过程中,大数据应用仍存在数据质量、数据有效性、数据实用性等问题。

8.2.1 数据的质量及代表性问题

气象部门是较早推进信息化的部门之一,近年来在项目管理过程中积累了大量数据,但大部分数据是存储在服务器上,项目管理活动的各种决策仍以依靠经验为主。一方面,如果这些数据不能进行有效、快捷的处理,显然会影响项目管理的效率,不利于项目管理水平的提高;另一方面,因为现有的技术手段无法有效分辨信息干扰项和无效冗杂信息,在产生和处理数据的过程中难免会有各种各样的错误、纰漏等,因而不可避免地存在数据质量问题，获取真正具有代表性、全面覆盖的项目管理信息仍具有一定的难度。

8.2.2　数据分析流程及有效性问题

进行大数据分析的目的在于，不仅能对工程投资、进度及质量等有一个明确的了解，还能够对相对薄弱的项目管理环节进行分析解剖，提出项目群管理的优化方案，直至解决问题。但是，目前大数据分析流程相对滞后于项目管理需求，数据往往是以量多和可用性低的特点呈现，"有需求才去找数据"，而非"数据支撑管理"。面对这些大量的，可能是杂乱无章的、难以理解的数据，如何建立从识别信息需求开始，到收集数据、分析数据、评价并改进数据分析具体操作过程和处理流程，提高数据分析的规范性和有效性等，是需要深入研究和解决的关键问题。

8.2.3　数据分析结果展现及实用性问题

山洪工程项目群管理数据分析的目的是最大化挖掘数据信息，然而因缺乏大数据技术与项目管理实践的紧密结合，大数据分析系统只提供数据分析的功能而忽视分析结论展现，并没有直观展现出有价值的分析结论，或展现出来却让人看不懂，造成最终项目管理决策还是依靠经验的尴尬局面。因此，在解决了传统的项目管理过程中数据获取困难等问题之后，如何将管理重心回归到发现和提出需解决的问题上来，如何从数据、技术、思维三方面努力，在项目群管理过程中，将数据分析和经验管理相结合，发挥大数据在项目管理活动中的实际作用等，仍然是不容忽视和需要探讨的问题。

8.3 相关对策

针对上述存在的问题，提出如下对策。

8.3.1 制订切实可行的大数据专项计划

从山洪工程项目群的管理经验来看，项目群管理数据量大、影响因素多等特点决定了项目群管理中应用大数据专项计划的重要性。为此，有必要针对实际需求，做好顶层规划和示范引导，使目前仍处于稳步推进过程中的大数据应用，通过制订切实有效的大数据应用专项计划纳入气象信息化发展规划，既要避免盲目跟风，又要防止停滞不前。

1）建立大数据分析平台，将项目管理的所有信息进行集成和整合，集中展示在统一平台之上，主要是做好统计数据层面的应用。

2）在提高数据整合能力、分析能力的基础上，应该逐步在"数据挖掘的深度和多源数据融合的广度"两个方向上下功夫，进一步加强大数据在项目管理工作中的应用，通过实现数据的可视化和集中化而产生价值，为数据支持项目管理智能化打下更坚实的基础。

8.3.2　加强大数据开发人才培养

根据项目管理人才队伍中大数据分析人才明显缺乏的现状，一方面，应采取措施，加强项目管理人员对应用大数据实施项目管理的意识，加强单纯大数据专业背景的人才对项目管理的熟悉程度；另一方面，针对项目管理办公室往往是由抽调人员临时组合而成，对项目管理相关知识现学现用、很难实现综合知识和技术积累的情况，加强项目管理办公室人员系统掌握项目管理理论、大数据分析挖掘与处理等技术经验和专业水准的培训。即有计划地培养具有大数据思维和项目管理创新能力的复合型人才，不仅要有数学、统计学、大数据领域的专业能力，而且需要项目管理的专业知识和经验，具备基于大数据的项目管理能力，可以负责整合、搭建和完善数据管理基础架构，以及大数据分析平台运维与管理、数据处理、数据分析、应用系统开发等工作。

8.3.3　找准大数据开发应用的定位

实践表明，在山洪工程项目群管理中稳步推行大数据技术的过程中，虽面临许多现实难题，但也有很大发展空间。为此，有必要找准和重视大数据开发应用定位工作。

1）应更多关注大数据、云计算等新一代信息技术的发展，明确项目群管理大数据开发应用是提高项目管理能力和水平的主攻方向，逐步改变项目管理团队只能自发地独立学习、研究和探索，而不能高效、快速地把数据分析技术和项目管理结合，从而真正为提升项目管理水平带来价值的被动局面。

2）不仅要根据定位提出和实现完备的大数据分析解决方案，更重要的是要使项目管理者能够正确地解读数据分析结论，并付诸管理实践，使数据处理方式从传统的属性数据分析方法逐步过渡到基于结构的以信息处理为主的综合集成分析，并辅以严格的项目监管体系，使大数据分析具有目的性、针对性、可参考性等，切实为项目群管理提供必要的数据支持。

下 篇

管理工具构建

第9章 山洪工程项目群集成管理支持平台

本章简要介绍了构建山洪工程项目群集成管理支持平台(以下简称"管理支持平台")的思路和做法。

9.1 主要目的

管理支持平台是以山洪工程项目管理手册系列为载体,逐年滚动形成的项目群集成管理和协同工作环境。该平台的主要目的是:运用集成管理思想,将现代项目管理理论与山洪工程项目管理实践相结合,针对项目管理短板,通过转化应用山洪工程项目群风险管理、集成管理和管理效果评价方法的研究成果,接通各项目单位的项目管理通道,切实解决项目群管理实践中普遍存在的共性问题,提高山洪工程项目群管理的有效性和效率。

9.2 需求分析

为了全面准确地落实《总体规划》目标任务,以山洪工程建设各阶段的过程为对象,集成项目群管理需要运用的知识和资源，建立管理支持平台，用于信息交流沟通、项目群管理方法研究以及工程项目大数据积累等，对于提高项目群管理能力具有十分重要的作用，更是做好类似的大型气象工程项目管理工作的有效途径。

从分年度建设项目管理角度，通过管理支持平台，将分散在不同单位的分年度建设项目进行"索引建档"，增强项目单位实施建设任务的责任主体意识，协助所有项目参与单位共同按照山洪工程建设一环扣一环管理链中各环节的管理过程和管理程序，规范年度建设项目管理，使所有项目单位能够顺利地按照相关法规和管理流程进行工程建设和项目管理，为顺利实现分年度建设项目的投资、进度和质量等管理目标提供有力支撑。

从项目群管理角度，主要是通过管理支持平台，落实《山洪工程项目管理办法》等系列管理制度文件，围绕总体目标控制、项目跟踪管理和信息资源协调等管理要素，最大限度地共享所有项目单位的工程建设和项目管理信息，提高项目群管理的整体协调能力，避免在总体层面发生管理和控制弱化，以及不同项目之间相互脱节、项目分散难以集成等现象，使项目管理支持更具系统性和针对性，确保由多个年度且相互关联的建设项目都能根据总体目标要求，"建设一批、验收一批、发挥效益一批"，确保高质量、高效率地全面完成山洪工程建设任务。

9.3　管理支持平台的功能

管理支持平台包括基本功能和扩展功能两个部分。

9.3.1　基本功能

管理支持平台的基本功能主要是指，在项目参与方之间建立山洪工程项目管理信息共享方式，以及协同工作的环境。

1. 有助于发挥两级项目办的项目群管理组织作用

山洪工程项目管理团队是由国家和省两级项目管理机构组成。由于目前气象部门项目管理机构大都是临时组建的班子，存在项目管理经验难以积累、缺乏项目管理专业知识和管理经验等风险。因此，通过管理支持平台的信息共享、交换等功能，更有利于发挥项目管理组织的作用，把项目管理能力变成一种在建设周期内可持久体现的组织行为。例如：

1）用于建立项目群管理支撑环境，将山洪工程项目群管理经验和专家知识转化成一套完整的项目管理方法，在工程建设过程中传播和推广。

2）提供项目管理培训及相关知识和技术。

3）最大限度地集中项目管理专家，提供项目管理咨询和顾问服务。

4）统一收集和汇总所有项目单位分年度建设项目进展情况信息和管理效果等，并进行交流和共享。

2. 有助于向项目单位提供持续高效的项目管理支持

虽然通过《山洪工程项目管理办法》等完善了制度建设，但在制度执行的过程中，由于受到客观因素的影响，常会发生偏离。而通过管理支持平台，及时发布相关问题释义，可使管理更客观、制度落实更准确。以向项目单位提供项目管理服务为出发点，向项目单位提供项目管理工作所需的项目管理思路、管理方法、管理流程、规章制度和相关法规等，为化解在工程建设中遇到的各种问题提供管理支持，可以缩短解决问题的时间，提高项目群管理工作的质量，保证工程目标和任务的实现。

3. 有助于获取更客观的管理效果评价结论

《山洪工程项目管理办法》明确了山洪工程年度建设项目需要自评价，但是由于具备一定评价知识技能、能够实际参加评价活动的山洪工程年度建设项目评价主体并不健全，对评价的理解不够全面，评价技术使用不够熟练，以及社会第三方专业咨询机构、公共服务的使用者等基本未参与其中，难免出现"内部监督太软，外部监督太晚"的情况，很难发挥其为后续建设提供建议和经验教训的作用。通过管理支持平台，有助于实现系统性的管理效果评价管理，可使评价结果更客观合理。特别是，增加基于大数据分析的评价结论，有助于建立统一、可持续的目标衡量标准，最大限度地避免低水平的重复建设，提高工程建设质量，规范项目建设与管理程序，使山洪工程"不但建起来，还要转起来"，有效避免出现"两张皮""刚建成就落后"等尴尬局面。

9.3.2 扩展功能

山洪工程建设周期长，在此期间，环境因素会发生不断变化。为了构建有利于山洪工程项目群科学管理的氛围，让项目单位享有更宽松的项目建设和管理环境，需要在上述功能基础上不断地扩展和完善管理支持平台。

管理支持平台的扩展功能主要包括两个方面：一是项目管理大数据积累，按照收集项目管理全样本的目标，开发研究数据收集、存储策略等，为山洪工程项目管理轻量级大数据分析平台积累项目管理数据，即收集、存储各种类型和格式的项目管理数据信息，用于项目群管理；二是以平台信息为基础，针对项目管理重点、难点问题，开展针对性的项目群管理方法研究，为后续项目群管理提供新方法、新路径。这将成为实现山洪工程项目群管理研究和应用的桥梁和纽带，对于实现科技成果转移/转化起到重要的推动作用。

9.4 管理支持平台的基本结构

管理支持平台以山洪工程管理体系为基础，以管理手册系列为抓手，整合所有项目群管理数据信息，实现管理支持平台功能。因此，该平台既是一个项目群管理支持环境，又是一个在决策、管理和执行各层级之间相互沟通的渠道（图 9-1）。管理体系主要包括：以《总体目标》要求为核心内容的山洪工程建设与管理目标体系，以《山洪工程项目管理办法》为主要内容的管理办法与制度体系，以及以统计指标为主要内容的统计与自评价体系，是项目群管理的目标与制度保障。管理手册系列是在山洪工程项目管理轻量级大数据分析平台上，通过线上线下结合制作输出的项目群管理信息产品，主要包括《山洪工程流程管理手册》《山洪工程信息管理手册》《山洪工程统计与自评价报告》，逐年进行修订完善并下发，使管理支持内容具有指导性，并尽量保证管理支持平台的全面性和系统性。在上述管理体系和管理手册系列的基础上，实现山洪工程信息共享支持、管理方法研究和大数据积累功能。

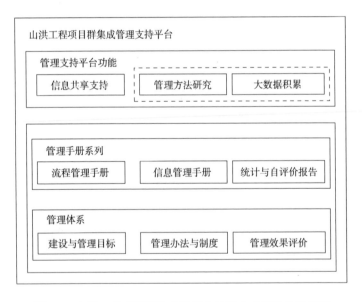

图 9-1 山洪工程项目群集成管理支持平台功能结构示意图

9.5　管理支持平台的主要服务对象

管理支持平台的主要服务对象包括山洪工程项目管理各层次参与组织或人员等，具体如下：

1）决策层。主要包括负责山洪工程项目决策管理的组织和人员，负责组织和贯彻落实《总体规划》目标任务，并以现代项目管理的思维理念分析和处理相关决策管理问题。

2）管理层。主要包括国家和省两级山洪工程项目管理办公室及其组成人员，负责宣贯《山洪工程项目管理办法》以及相关法律法规，并针对总体目标控制、项目跟踪管理和信息资源协调等开展项目群管理工作，确保项目管理决策得以顺利执行。

3）执行层。主要包括项目单位及其相关组成人员，是年度建设项目的责任主体，负责年度建设项目全过程管理和组织实施，并对山洪工程年度建设任务负全责。

9.6　管理支持平台共享应用的主要信息产品

管理支持平台将山洪工程项目管理轻量级大数据分析平台制作输出的信息产品进行包装处理后，向参与单位提供管理支持（图9-2）。

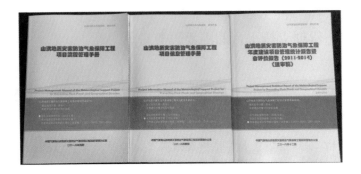

图 9-2　山洪工程项目群集成管理支持平台主要信息产品

9.6.1　流程管理手册

《山洪工程流程管理手册》定位于用流程图形式解读中国气象局《山洪工程项目管理办法》，试图达到"一图胜十文"的效果。按照《山洪工程项目管理办法》，山洪工程项目管理分为项目群管理和分年度建设项目管理两个层面。省（自治区、直辖市）气象部门和直属业务单位按照可研报告、年度建设项目实施方案、建设实施、业务验收、竣工验收、统计评价的建设程序实施分年度建设项目全过程管理。这套程序最大的特点是省（自治区、直辖市）气象部门和直属业务单位作为分年度建设项目的责任主体，负责按中国气象局下达的年度建设实施方案即任务分解计划，组织编写和审定相应的年度建设项目可研报告，并组织实施，以及在竣工验收前邀请第三方审计机构进行财务决算审计。

事实上，要想把《山洪工程项目管理办法》的内容全部转换成项目全过程和各项管理工作的步骤、流程，厘清工程建设一环扣一环管理链中各环节的详细管理过程并非易事，需要在不断学习和掌握现代项目管理理论和方法的同时，以项目管理过程为主线，不断地总结、凝练项目管理经验，努力缩小管理实践与现代项目管理理论之间的差距，按照《山洪工程项目管理办法》，从建设管理各过程的具体活动中挖掘出"隐性"的管理流程，加以分析和比较，并在项目管理理论指导下转化成实际的管理流程与管理模式，站在高起点上增强项目管理综合能力。总之，从对《山洪工程项目管理办法》内涵的推敲和把握，到形成流程图过程中每个语句的编辑，最终形成《山洪工程流程管理手册》，是贯彻落实《山洪工程项目管理办法》的总结和凝练，为项目单位的年度建设项目管理工作提供管理支持。

9.6.2　统计与自评价报告

《山洪工程统计与自评价报告》（也称《山洪工程项目管理大数据分析报告》，详见附录）定位于量化年度建设项目管理过程，试图达到"用数据说话"的效果。将统计方法应用在山洪工程项目管理中，不仅需要设计能反映项目管理特点的统计指标，还需具有项目管理的实践经验，把两者结合起来，作为提高项目管理的措施和手段，可以更真实地反映工程建设和项目管理情况，提高项目管理水平。《山洪工程统计与自评价报告》坚持从山洪工程项目群管理实际出发，凝练了本书作者对于山洪工程项目群管理工作的基本思考，以统计指标设计与应用为核心，对山洪工程年度建设项目启动、执行和收尾三大过程的项目管理工作进行了统计分析和描述，并结合项目单位在项目管理实践中提出的难题和热点问题，按照山洪工程年度建设项目管理全过程，给出实践过程中总结出来的影响因素分析结果，以及具有指导性的统计综合分析与自评价结论等。将其印发给全国气象部门，对于科学有效地管理山洪工程项目具有明显的指导作用，将对气象部门的项目管理工作产生积极的影响。

9.6.3 信息管理手册

《山洪工程信息管理手册》定位于收集、整合、存储和快速检索山洪工程所有年度建设项目从启动到收尾过程中的所有信息，试图达到"不仅存起来，而且用起来"的目的，即作为"工程建设中的快速检索工具"，共享项目信息，配合现场检查的沟通方式，使信息传递更加快捷、及时和通畅。按照工程文档集成化管理思路，编写《山洪工程信息管理手册》的主要目的是：建立文档合理分类与查询策略，快速查询到有价值的、只靠光盘无法快速得到的信息，提高检索效率和文档利用率。山洪工程实践表明，项目管理过程中2/3的问题都与信息有关，其中约90%的信息来自项目单位报备的项目文档，主要包括：山洪工程项目相关方（中国气象局、项目单位等）在工程建设实施过程中制作或获取的，以一定形式记录、保存的文件、资料、图表和数据等各类信息；依《山洪工程项目管理办法》授权管理的和因履行职责需要收集、存储的项目文档资料信息、项目单位直接或通过第三方依法形成的年度建设项目建设管理信息等。开发利用这些信息的效率和有效性是项目管理成功实施的关键因素。

山洪工程项目群管理实践结果表明，结合项目群管理的实际需求，按照本章提出的方法构建并逐年更新、完善、扩展管理支持平台，使该平台不仅可用于支持项目单位根据分年度建设项目建设和管理情况实施各种管控活动，还可在项目群管理方法研究和大数据积累等方面发挥重要作用，是实现大型气象工程项目管理、提高项目群管理效率的有效途径，具有一定的指导意义和参考价值。

第 10 章　山洪工程项目管理轻量级大数据分析平台

在山洪工程项目管理实践的基础上，通过需求分析，选择购买适合山洪工程项目群管理轻量级大数据分析平台——容数据（Swift data）软件许可，并在此基础上进行二次开发，作为改进山洪工程项目管理工作的信息化手段（图 10-1）。本章给出了山洪工程项目管理轻量级大数据分析平台的功能与结构、数据收集以及应用实例等。本章界面截图中的数据均为测试数据。

图 10-1　山洪工程项目管理轻量级大数据分析平台

10.1　目的和意义

山洪工程项目管理轻量级大数据分析平台，可以帮助项目管理者查看并理解所有相关数据的项目管理软硬件环境。其主要作用是：运用统计分析方法对所收集的所有项目单位分年度建设项目数据进行分析、研究和概括总结，揭示在项目群管理工作中遇到的困难和问题，帮助管理者对各环节建设和管理活动做出正确判断，展示为改进管理所做的努力和结果，以及为新年度建设项目决策和下达提供可靠依据和建议，实现"线上与线下、集中与分散"相结合的项目群管理。

目前，轻量级大数据分析平台逐渐成为山洪工程项目管理的必备工具。例如，从项目群管理角度，以收集、整理和分析总体目标控制、项目跟踪管理以及信息资源协调等管理数据为主线，可更全面、准确地掌握不同项目单位、不同年度的山洪工程建设和项目管理过程中的共性问题，更真实地反映工程建设和管理的总体情况，为项目群管理决策、实施和控制等提供信息支撑，用于指导项目单位的项目管理活动；从分年度建设项目管理角度，进行分年度建设项目投资、进度和质量数据分析、解释，以及可视化等数据分析过程，帮助项目单位剖析分年度项目管理中遇到的困难，解决管理过程中由于偏重经验和定性描述所造成的项目监管不力等问题，逐步提高"用数据说话、用数据管理"的能力。

10.2 功能与结构

此处略，详见本书6.3节。

10.3 数据收集

山洪工程年度建设项目管理活动中累积产生了大量潜在的统计数据。为了能够准确地获取所需数据，数据收集是其中最重要的环节，其后的数据汇总、分析、管理都构建于数据收集的基础之上。通过统计数据收集，将年度建设项目管理过程中启动、实施以及收尾等一系列关联性数据汇聚在一起，形成可反映项目管理活动全貌的数据集合，最大限度地避免由于数据收集主观性、片面性等造成的数据偏差，使统计结论准确、可用。

10.3.1 数据收集流程

规范分年度建设项目管理统计数据收集流程，实现统计数据收集的一体化，是项目管理基于统计技术解决的一个关键技术问题，目标是使项目管理与统计数据收集过程相一致。如图10-2所示，数据收集主要包括两大步骤：一是通过项目单位上报《山洪工程年度建设总结》和《山洪工程年度建设项目自评价报告》，完成建设情况、项目管理情况以及建设效果和效益分析等数据的收集；二是动态地汇总统计数据，即自工程项目启动年始逐年汇总上述统计数据，每当年度建设项目完成竣工验收就滚动累积数据编写新的一期《山洪工程统计与自评价报告》，工程全部结束时便可以顺利完成整个工程的统计，《山洪工程统计与自评价报告》即可作为全面工程建设管理情况的总结报告。

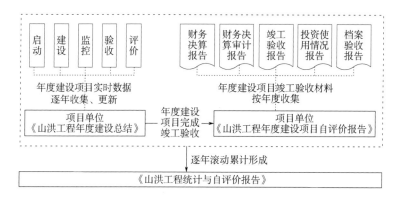

图 10-2　山洪工程项目管理数据收集流程示意图

10.3.2　上报数据质量控制

统计数据质量控制主要包括：从统计数据设计到汇总审核、从上报统计数据任务布置到事后数据质量检查各环节工作质量、数据质量的管理及控制，对统计数据进行合理性分析，及时查找原因，发现并纠正错误。主要采取以下措施：

1. 收集过程质量控制措施

1）明确统计分析的目的，有针对性地设计统计项，详细制定填写说明，规范统计表填写要求。

2）明确项目管理人员作为数据统计表填写的责任人，并强调各项目单位填写的调查数据须经项目单位核准，分管领导审定后上报。

3）结合项目管理文件以及各单位正式上报或报备的相关材料，对上报的每一个数据进行认真审核、沟通与核实，做到每个数据都符合逻辑、符合实际。

4）由相关专家对调查数据的完整性、准确性以及数据是否真实反映客观实际情况等进行评估和核准。

2. 上报数据汇总审核

收集上报数据后，对统计数据进行汇总和审核。汇总上报数据的主要内容包括：实施方案、计划分解、可研审批、建设管理、验收管理和自评价等相关文档形成的数据。重点审核两个方面：一是进行统计数据基本结构和匹配性审核；二是数据间逻辑、平衡关系控制，包括报表中、报表之间的逻辑平衡关系控制，以保证其逻辑、平衡关系的合理性。

10.4　数据分析及可视化实例

10.4.1　用户登录

山洪工程项目管理轻量级大数据分析平台主页面提供了登录入口（图10-3），用户依权限登录至平台进行操作。

图 10-3　登录入口

1. 主页面

点击"我的任务",页面显示欢迎页(图 10-4)。

图 10-4　欢迎页

2. 新建任务

1)点击"新建任务",页面跳转到【我的任务 > 新建任务】页面（图10-5）。

图10-5　新建任务页面

2）点击"创建任务"，创建任务成功，页面显示"我的任务"（图10-6）。

图10-6　创建任务成功页面

3. 任务编辑

1）点击"任务编辑"，页面跳转到【我的任务 > 任务编辑】页面（图10-7）。

图10-7 任务编辑页面

2）点击"确定修改"，修改任务成功，页面跳转到"我的任务"页面（图10-8）。

图10-8 任务修改页面

3）点击"×"，弹出提示框，提示："确定要删除添加成员吗?"

· 点击"确定"，删除成功。

· 点击"取消"，删除失败。

10.4.2　基本功能

1. 数据导入、删除及合并

可以使用格式配置器实现对数据的标准化导入，通过自动清洗和人工清洗实现数据质量控制和管理。

（1）数据导入

1）点击"数据导入"，跳转到【数据导入 > 数据导入】页面（图10-9）。

图 10-9　数据导入页面

2）输入批次名称，选择配置器，点击"添加"，添加导入对象。

3) 点击"开始导入"按钮，开始进行导入，进入【我的任务 > 导入数据详细】页面（图 10-10）。

图 10-10　导入数据详细页面

4) 点击"返回"，页面跳转到【数据导入 > 数据导入】页面；点击"导入数据一览"，跳转到【数据导入 > 导入数据一览】页面（图 10-11）。

5) 点击"📄"跳转到【我的任务 > 导入数据详细】页面。

6) 点击"返回"，页面跳转到【数据导入 > 导入数据一览】页面。

图 10-11　导入数据一览

（2）数据删除

1）如图 10-11 所示，点击""按钮，弹出确认提示框
（图 10-12）。

192.168.3.10:8080 显示

您确定要删除当前的数据吗？

确定　　取消

图 10-12　数据删除确认提示框

2）点击"确定"，删除成功。

3）点击"取消"，删除失败。

（3）数据合并

1）选择要合并的数据，点击"数据合并"按钮，弹出选择

条件的页面。

2）点击"关闭"，数据合并不成功，页面关闭。

3）点击"开始合并"按钮，提示："您确定要进行数据合并吗?"

4）点击"确定"按钮，数据合并成功，卡片由两个变成一个；点击"取消"按钮，数据合并不成功。

5）合并数据时，状态变为"合并中"，合并完成后，状态变为"导入完成"。

2. 数据分析

可以拖拽实现表格列移动，通过模块化的分析功能实现各种分析图表制作、精准数据统计分析，以及多表数据关联分析，如图 10-13 所示。

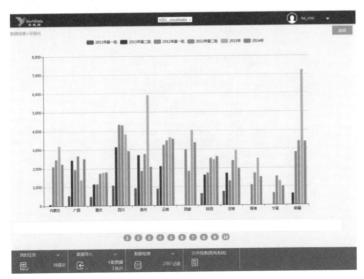

a）按时间

图 10-13 数据分析

b) 按层级

c) 按单位

图 10-13　数据分析（续）

d）按地点

图 10-13　数据分析（续）

3. 配置器管理

可以通过对数据的标签式解读，从大量数据中发现隐性规律，实现数据挖掘。

（1）配置器新建

1）点击"配置器新建"（图 10-14），页面跳转到【数据导入 > 配置器新建】页面。

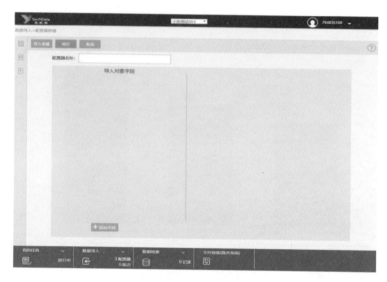

图 10-14　新建配置器

2）输入配置器名称（图 10-15），点击"导入创建"，选择要导入的 XML 文件，平台提示导入成功（图 10-16）。

图 10-15　导入配置器

192.168.3.10:8080 显示

配置器导入成功。

图 10-16　配置器导入成功页面

（2）配置器修改

点击"配置器一览"，页面跳转到【数据导入 > 配置器一览】页面，可以进行修改、删除等操作（图 10-17）。

图 10-17　修改配置器

4. 分析结果可视化

可以对数据分析结果以可视化方式呈现，提高分析结果的直观性。

在【我的任务 > 加工执行】页面，点击"可视化"按钮，则进入【数据检索 > 可视化】页面，可以根据下方按钮切换不同汇总情况，如图 10-18 所示。

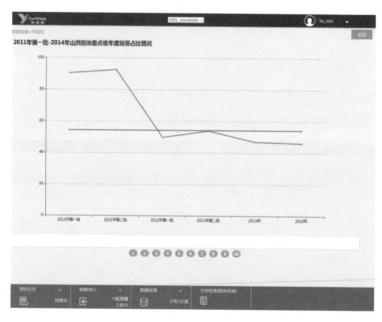

a）重点省年度投资比例变化

图 10-18　分析结果可视化

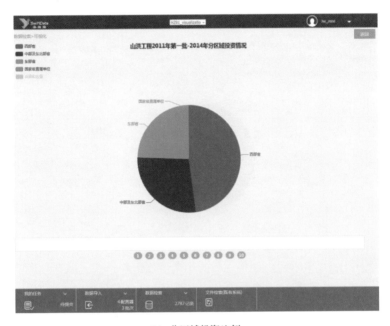

b) 分区域投资比例

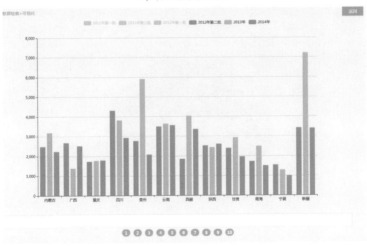

c) 按年度检索结果

图 10-18　分析结果可视化（续）

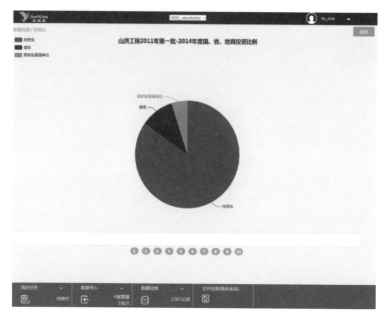

d) 国家、省、地县级年度投资比例

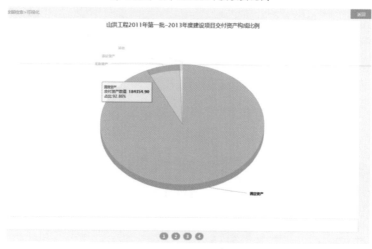

e) 按资产类别检索结果

图 10-18　分析结果可视化（续）

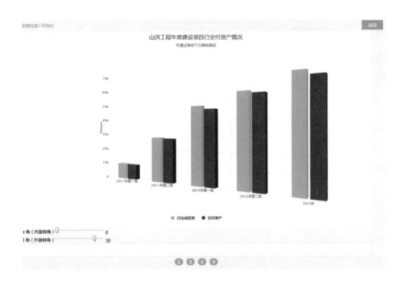

f）三维动态效果图

图 10-18　分析结果可视化（续）

5. 数据检索

轻量级搜索引擎可以对导入的数据建立全文分词索引，进行主题检索和条件检索等。

1）点击"数据检索"，跳转到【数据检索 > 数据检索】页面（图 10-19）。

2）选择批次，点击"检索"按钮，跳转到【我的任务 > 加工执行】页面，可以导出、删除或可视化检索结果，如图 10-20 所示。

10.4.3　后台管理功能

可以实现用户角色权限管理、任务管理等，如图 10-21、图 10-22 所示。

图 10-19　数据检索页面

图 10-20　数据检索结果页面

a）用户信息查询

b）部门管理

图 10-21　用户角色权限管理

c) 角色管理

图 10-21　用户角色权限管理（续）

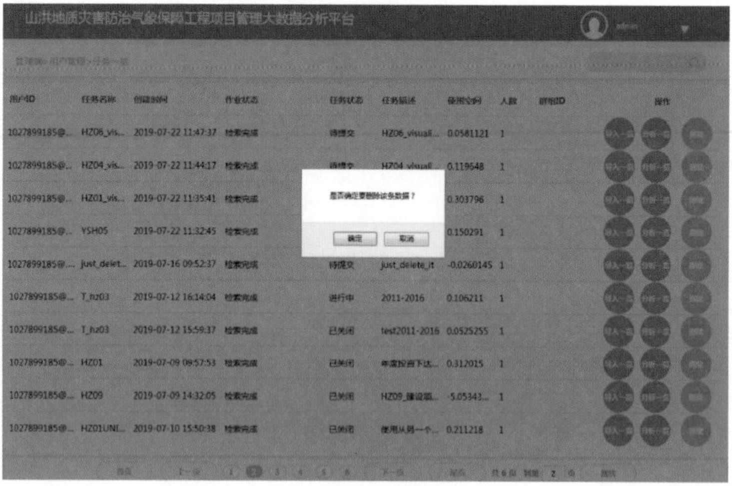

a) 任务删除

图 10-22　任务管理

b）任务数据删除

图 10-22　任务管理（续）

附录

《山洪工程项目管理大数据分析报告》
编制大纲

编写说明

本报告编写说明如下：《山洪工程项目管理大数据分析报告》是通过山洪工程项目管理轻量级大数据分析平台（以下简称"大数据分析平台"）对山洪工程分年度建设项目的投资、进度、质量等进行统计综合分析的结果，也称《山洪工程统计与自评价报告》。

本附录内容主要由《山洪工程项目管理大数据分析报告》编制大纲（也称《山洪工程统计与自评价报告》编制大纲）中与大数据分析结果有关的部分组成。其中，大数据分析结果中的数据均为测试数据。

1. 发布

《山洪工程统计与自评价报告》经中国气象局山洪地质灾害防治气象保障工程项目管理办公室（以下"简称中国气象局山洪项目办"）逐年滚动累计编写并在内部发布。

2. 修订

中国气象局山洪项目办根据年度建设项目进展，每年组织修订、更新《山洪工程统计与自评价报告》的内容。

3. 目的

对于任何一个项目，尤其是对大型工程项目实施项目管理，由于其背景不同，尽管运用相同的管理理论与方法，也会产生完全不同的管理效果。编写印发《山洪工程统计与自评价报告》等项目管理手册系列，对于建设周期将跨三个"五年规划"的"百亿级"、超大型气象工程项目管理来说是必不可少的"管理神器"。作为项目群管理的一种尝试，主要目的是全面、准确地传达中国气象局项目管理工作的相关部署和要求，使项目管理相关人员随时"有章可循、有据可查"，也使"规范化、定量化和信息化"成为山洪工程项目群管理的常态。

4. 意义

山洪工程建设跨两个"五年规划"，已连续 9 年投资，每年新安排 400 余个项目，由于其具有"小而广"项目的特点，无成熟的项目管理经验可借鉴。对山洪工程建设和管理的难点问题及其对策进行研究，将研究结果转化为向项目单位提供"有用、能用、好用"的山洪工程项目管理手册系列，逐年修订下发至各项目单位，向项目单位提供管理支持，相当于构造了一个项目群管理的科学氛围和环境，既明确了各管理环节的责任，形成了有力的监督约束机制，又调动了项目单位的积极性和创造性，对于提高项目管理效率、确保完成《总体规划》目标、提高项目实施成功率具有非常重要的作用。

第一章　年度建设项目启动过程管理情况统计

第一节　投资计划执行情况

1. 简述投资计划管理的主要措施

例如，明确按照《山洪工程指导方案》《山洪工程分阶段实施方案》《山洪工程分年度实施方案（任务分解方案）》三个层次细化落实《总体规划》目标任务。

2. 简述本节主要统计内容和统计指标

3. 输出统计结果

收集各项目单位、各年度建设项目统计数据，应用大数据分析平台以表格形式输出统计结果（附表1~附表6），并图形化展示和输出本节主要统计指标年度变化情况（附图1~附图4）。

附表1　《山洪工程分阶段实施方案》中主要业务系统投资需求情况统计表

系统	阶段			系统投资小计(万元)	系统投资占比(%)
	第一阶段	第二阶段	…		
监测系统					
装备保障系统					
⋮					
阶段投资小计（万元）					

附表2 全国山洪工程2011—20××年度建设项目主要业务系统投资情况统计表

系统	年度批次			系统投资小计(万元)	系统投资占比(%)
	2011年第一批	2011年第二批	…		
监测系统					
装备保障系统					
⋮					
年度投资小计（万元）					

附表3 全国山洪工程2011—20××年度建设项目投资情况统计表

年度批次	下达投资（万元）	年度批次投资占比（%）
2011年第一批		
2011年第二批		
⋮		
年度批次投资合计		

附表4 全国山洪工程2011—20××年度建设项目项目单位一览表

年度批次	项目单位		
	省（自治区、直辖市）气象局	计划单列市气象局	中国气象局直属单位
2011年第一批			
2011年第二批			
⋮			

附表5　西部地区山洪工程2011—20××年度建设项目投资情况统计表

西部地区	年度批次			投资合计（万元）
	2011年第一批	2011年第二批	…	
内蒙古				
广西				
⋮				
投资合计（万元）				

附表6　全国山洪工程2011—20××年度建设项目地县级投资情况统计表

投资（万元）	年度批次			总计
	2011年第一批	2011年第二批	…	
地县级投资				
总投资				
地县级投资占比（%）				

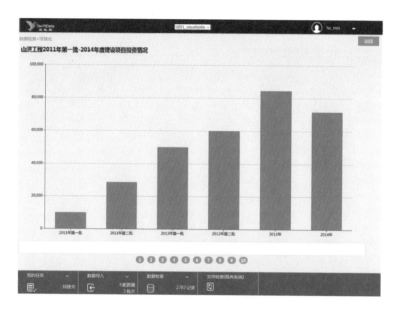

附图 1　全国山洪工程 2011—20××年度建设项目投资情况

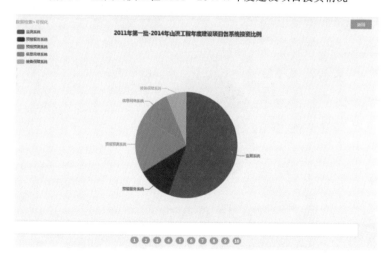

附图 2　全国山洪工程 2011—20××年度建设项目主要业务系统投资情况

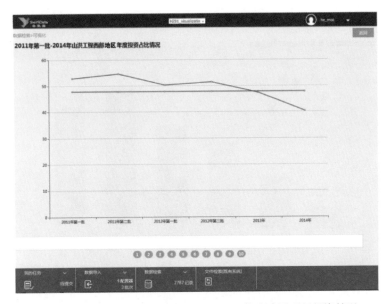

附图3　西部地区山洪工程2011—20××年度建设项目投资情况

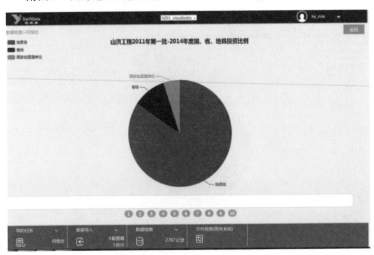

附图4　全国山洪工程2011—20××年度建设项目

国家、省、地县级投资占累计投资比例

第二节　审批流程执行情况

1. 简述审批阶段的主要管理过程

例如，全国山洪工程分年度实施方案编制下发、投资计划安排等情况；山洪工程分年度建设项目可研报告编制和审批情况等。

2. 简述本节主要统计内容和统计指标

3. 输出统计结果

收集各项目单位、各年度建设项目统计数据，应用大数据分析平台以表格形式输出统计结果（附表7～附表8），并图形化展示和输出本节主要统计指标年度变化情况。例如，全国山洪工程2011—20××年度建设项目可研报告批复报备情况折线图（附图略）。

附表7　全国山洪工程2011—20××年度建设项目可研报告审批情况统计表

年度批次	项目数（个）			可研报告批复率（%）
	项目单位可研报告	中国局批复可研报告	省（自治区、直辖市）局批复可研报告	
2011 年第一批				
2011 年第二批				
⋮				
合计				

附表 8　全国山洪工程 2011—20××年度建设项目审批流程执行

情况统计表

年度批次	2011 年第一批	2011 年第二批	…	合计
下达项目数（个）				
转下项目数（个）				
落实审定率（%）				
计划转下率（%）				
转下及时率（%）				
执行单位数（个）				

第三节　招标采购管理情况

1. 简述进度管理的主要措施

例如，明确山洪工程年度建设项目的招标采购应按照《中华人民共和国招标投标法》等有关法律法规规定办理等。

2. 简述本节主要统计内容和统计指标

3. 输出统计结果

收集各项目单位、各年度建设项目统计数据，应用大数据分析平台以表格形式输出统计结果（附表 9～附表 11），并图形化展示和输出本节主要统计指标年度变化情况（附图 5）。

附表 9　全国山洪工程 2011—20××年度建设项目招标及

政府采购方式统计表

年度批次	项目数			
	下达项目数（个）	公开招标项目数（个）	邀请招标项目数（个）	…
2011 年第一批				

（续）

年度批次	项目数			
	下达项目数（个）	公开招标项目数（个）	邀请招标项目数（个）	…
2011 年第二批				
⋮				
合计				
占下达项目数比例（%）				

附表 10　全国山洪工程 2011—20××年度建设项目招标及政府采购预算
情况统计表

年度批次	计划投资金额（万元）	招标及政府采购预算金额（万元）	招标及政府采购预算金额占比（%）
2011 年第一批			
2011 年第二批			
⋮			
合计			

附表 11　全国山洪工程 2011—20××年度建设项目招标及
政府采购执行情况统计表　　　（单位：个）

项目数量	年度批次			
	2011 年第一批	2011 年第二批	…	合计
采购执行项目数				

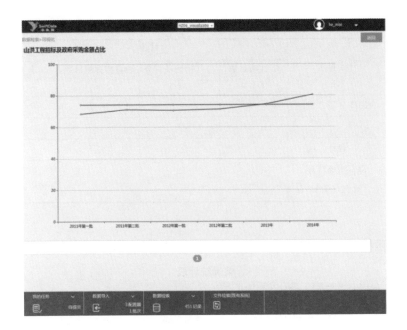

附图 5　全国山洪工程 2011—20××年度建设项目招标及
政府采购预算金额占年度投资比例

第二章 年度建设项目执行与监控过程管理情况统计

第一节 进度管理情况

1. 简述进度管理的主要措施

例如，规范年度项目建设周期，控制工程总体进度，即统一年度建设项目时间进度安排应为"一年建设期＋半年业务验收期＋半年竣工验收期＋一年自评价期"等。

2. 简述本节主要统计内容和统计指标

3. 输出统计结果

收集各项目单位、各年度建设项目统计数据，应用大数据分析平台以表格形式输出统计结果（附表12），并图形化展示和输出本节主要统计指标年度变化情况（附图6）。

附表 12 进度管理情况统计表

年度批次	下达计划日期	最晚完成业务验收日期	平均建设周期（月）
2011 年第一批			
2011 年第二批			
⋮			
合计	—	—	

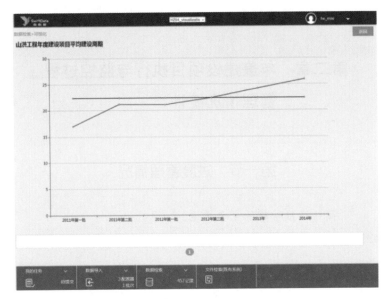

附图6　全国山洪工程2011—20××年度建设项目平均建设周期

第二节　质量管理情况

1. 简述质量管理的主要措施

例如，明确要求各项目单位应建立健全工程质量检查制度，加强对工程实施阶段各环节的质量控制，确保工程质量。

2. 简述本节主要统计内容和统计指标

3. 输出统计结果

收集各项目单位、各年度建设项目统计数据，应用大数据分析平台以表格形式输出统计结果（附表13），并图形化展示和输出本节主要统计指标年度变化情况（附图7）。

附表 13 全国山洪工程 2011—20××年度建设项目监督检查情况统计表

年度批次	山洪项目办监督检查（次）	项目单位监督检查（次）	落实监督检查管理单位占比（%）	质量不达标项目数（个）	不满足业务运行要求项目数（个）
2011 年第一批					
2011 年第二批					
⋮					
合计					

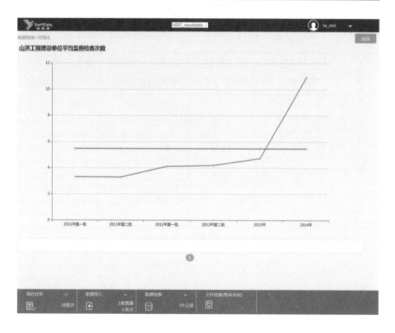

附图 7 全国山洪工程 2011—20××年度建设项目平均监督检查次数

第三节　重大变更情况

1. 简述变更管理的主要措施

例如，明确在项目实施过程中变更的内容和程序。

2. 简述本节主要统计内容和统计指标

3. 输出统计结果

收集各项目单位、各年度建设项目统计数据，应用大数据分析平台以表格形式输出统计结果（附表 14），并图形化展示和输出本节主要统计指标年度变化情况（附图 8）。

附表 14　全国山洪工程 2011—20××年度建设项目重大变更情况统计表

年度批次	重大变更项目单位数（个）	重大变更项目数（个）	履行重大变更程序项目数（个）	重大变更项目数占比（%）
2011 年第一批				
2011 年第二批				
⋮				
合计				

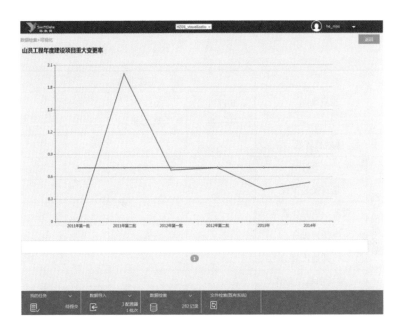

附图8 全国山洪工程2011—20××年度建设项目重大变更情况

第四节 预算执行情况

1. 简述预算执行管理的主要措施

例如，明确预算一经下达，项目单位应负责本单位年度建设项目预算的执行，并对执行结果负责。

2. 简述本节主要统计内容和统计指标

3. 输出统计结果

收集各项目单位、各年度建设项目统计数据，应用大数据分析平台以表格形式输出统计结果（附表15），并图形化展示和输出本节主要统计指标年度变化情况（附图9）。

附表 15　全国山洪工程 2011—20××年度建设项目预算执行情况统计表

（单位：万元）

投资金额		年度批次			
		2011 年 第一批	2011 年 第二批	…	合计
计划投资数					
已完成投资数	合计				
	建筑安装工程				
	设备、工具、器具				
	待摊投资				
	其他投资				
	待核销基建支出				

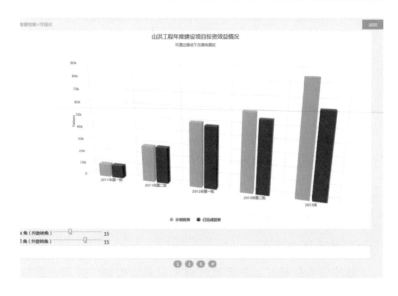

附图 9　全国山洪工程 2011—20××年度建设项目投资效益情况

第三章 年度建设项目收尾过程管理情况统计

第一节 业务验收情况

1. 简述业务验收阶段的主要管理过程

例如,分年度建设项目业务验收申请、组织实施和鉴定等情况;分年度建设项目业务验收必备材料报备情况等。

2. 简述本节主要统计内容和统计指标

3. 输出统计结果

收集各项目单位、各年度建设项目统计数据,应用大数据分析平台以表格形式输出统计结果(附表16),并图形化展示和输出本节主要统计指标年度变化情况。例如,全国山洪工程2011—20××年度建设项目业务验收及时率折线图(附图略)。

附表16 全国山洪工程2011—20××年度建设项目业务验收情况统计表

年度批次	下达建设项目数(个)	完成业务验收项目数(个)	业务验收完成率(%)	最晚业务验收日期	业务验收及时率(%)
2011年第一批					
2011年第二批					
⋮					
合计				—	

第二节　财务决算审计报告情况

1. 简述财务决算审计的主要管理措施

例如，明确各项目单位应根据《山洪工程项目管理办法》《气象建设项目竣工验收规范》《气象部门基本建设项目竣工财务决算管理办法》《气象部门基本建设审计办法》等项目管理规定和相关要求，委托第三方审计机构，按年度分批次对本单位的山洪工程建设项目进行项目竣工财务决算审计。

2. 简述本节主要统计内容和统计指标

3. 输出统计结果

收集各项目单位、各年度建设项目统计数据，应用大数据分析平台以表格形式输出统计结果（附表 17 ~ 附表 19），并图形化展示和输出本节主要统计指标年度变化情况（附图 10）。

附表 17　全国山洪工程 2011—20 × × 年度建设项目竣工财务决算审计完成情况统计表

年度批次	批复项目数（个）	完成决算审计项目单位数（个）	完成决算审计项目数（个）	决算审计完成率（％）
2011 年第一批				
2011 年第二批				
⋮				
合计				

附表 18 全国山洪工程 2011—20××年度建设项目审计报告情况统计表

（单位：个）

年度批次	建设审批程序合规单位数	每批次项目独立审计单位数	合同管理规范单位数	…
2011 年第一批				
2011 年第二批				
⋮				
合计				

附表 19 全国山洪工程 2011—20××年度建设项目审计报告中需执行采纳或落实事项统计表 （单位：个）

年度批次	财务管理、会计核算规范事项	建设审批程序事项	…	合计
2011 年第一批				
2011 年第二批				
⋮				
合计				

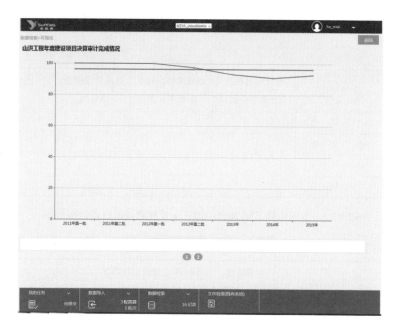

附图 10　全国山洪工程 2011—20××年度建设项目竣工财务决算
审计完成情况

第三节　竣工验收情况

1. 简述竣工验收阶段的主要管理过程

例如，明确山洪工程实行年度建设项目竣工验收制度，分年度建设项目应严格按照基本建设项目竣工验收管理的内容、程序和职责等规范执行。

2. 简述本节主要统计内容和统计指标。

3. 输出统计结果。

收集各项目单位、各年度建设项目统计数据，应用大数据分析平台以表格形式输出统计结果（附表 20 ~ 附表 21），并图形化展示和输出本节主要统计指标年度变化情况（附图 11）。

附表 20   全国山洪工程 2011—20××年度建设项目竣工验收情况统计表

年度批次	批复项目数（个）	完成竣工验收项目单位数（个）	完成竣工验收项目数（个）	竣工验收完成率（%）
2011 年第一批				
2011 年第二批				
⋮				
合计				

附表 21   全国山洪工程 2011—20××年度建设项目完成资产移交情况统计表

年度批次	建设项目移交率（%）
2011 年第一批	
2011 年第二批	
⋮	
合计	

第四节　工程档案管理情况

1. 简述工程档案管理的主要措施

例如，明确各项目单位应按照《气象部门重点工程项目档案管理暂行办法》的相关规定，建立档案资料管理制度，及时收集、整理、归档从年度建设项目审批到竣工验收各环节的文件资料，并按照完整化、规范化、标准化、系统化的要求对各类资料进行归档等。

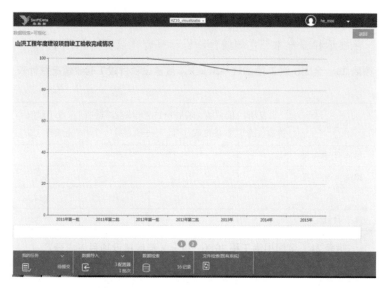

附图 11　全国山洪工程 2011—20××年度建设项目竣工验收完成情况

2. 简述本节主要统计内容和统计指标

3. 输出统计结果

收集各项目单位、各年度建设项目统计数据，应用大数据分析平台以表格形式输出统计结果（附表 22）。

附表 22　全国山洪工程 2011—20××年度建设项目工程文档资料报备

情况统计表　　　　　　　（单位：个）

年度批次	工程项目立项文件	工程项目组织管理文件	工程项目验收文件	工程项目自评价文件	工程项目其他文件
2011 年第一批					
2011 年第二批					
⋮					
合计					

第四章　年度建设项目建设效益情况统计

简述本章主要统计内容。例如，作为山洪工程年度建设项目效益的工程建设成果部分，本章对直接形成固定资产的情况进行统计，并按业务系统总结主要建设任务完成情况，其效益影响等详见《山洪地质灾害防治气象保障工程中期评估报告》等相关统计结论。

第一节　资产形成情况

收集各项目单位、各年度建设项目统计数据，应用大数据分析平台以表格和图形形式输出统计结果（附表 23，附图 12 ～附图 13）。

附表 23　全国山洪工程 2011—20××年度建设项目审定已交付

资产统计表　　　　　（单位：万元）

年度批次	计划投资数	已完成投资数	交付资产				
			合计	固定资产	无形资产	递延资产	其他
2011 年第一批							
2011 年第二批							
⋮							
合计							

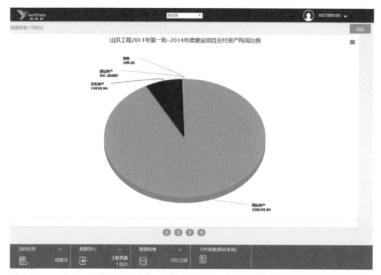

附图 12　全国山洪工程 2011—20××年度建设项目已交付资产构成情况

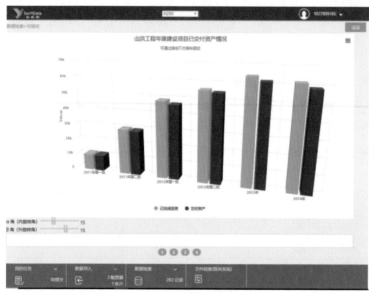

a）柱状图

附图 13　全国山洪工程 2011—20××年度建设项目已交付资产情况

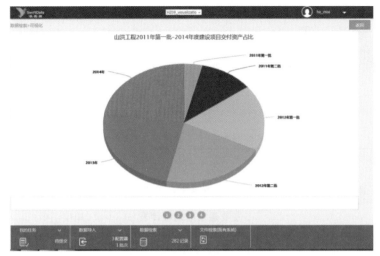

b）饼状图

附图13 全国山洪工程2011—20××年度建设项目已交付资产情况（续）

第二节 主要建设成果

收集各项目单位、各年度建设项目统计数据，定量描述或总结全国2011—20××期间下达的所有山洪工程年度建设项目主要建设成果，并应用大数据分析平台以表格形式输出统计结果（附表24～附表28）。

附表24 全国山洪工程2011—20××年度建设项目监测系统
主要建设成果统计表 （单位：个）

项目	年度批次			
	2011年第一批	2011年第二批	…	合 计
自动（雨量）气象站				

（续）

项目	年度批次			
	2011 年第一批	2011 年第二批	…	合计
乡镇自动站				
…				

附表 25　全国山洪工程 2011—20××年度建设项目信息网络支撑系统主要建设成果统计表　（单位：个）

项目	年度批次			
	2011 年第一批	2011 年第二批	…	合计
省级局域网升级改造				
省级会商系统				
…				

附表 26　全国山洪工程 2011—20××年度建设项目装备保障系统主要建设成果统计表　（单位：个）

项目	年度批次			
	2011 年第一批	2011 年第二批	…	合计
省级运行监控系统				
省级气象计量系统建设单位数				
…				

附表 27　全国山洪工程 2011—20××年度建设项目预报与风险评估系统

主要建设成果统计表　　　（单位：个）

项目		年度批次			
		2011 年第一批	2011 年第二批	...	合计
山洪地质灾害精细化气象预报预警系统建设	国家级				
	省级				
	地级				
	县级				
⋮	国家级				
	省级				
	⋮				

附表 28　全国山洪工程 2011—20××年度建设项目预警信息发布与

服务系统主要建设成果统计表　　　（单位：个）

项目		年度批次			
		2011 年第一批	2011 年第二批	...	合计
气象预警信息发布管理平台	国家级				
	省级				
	地级				
	县级				
⋮	国家级				

第三节　主要固定资产使用年限情况

收集各项目单位、各年度建设项目统计数据，应用大数据分析平台以表格形式输出统计结果（附表29）。

附表29　全国山洪工程2011—20××年度建设项目

主要设备已使用年限统计表　　（单位：年）

年限	年度批次		
	2011 年 第一批	2011 年 第二批	...
主要气象设备已使用年限			
主要业务系统硬件设备 已使用年限			

第五章　年度建设项目管理统计综合分析与评价

山洪工程年度建设项目管理统计综合分析是根据项目管理目标要求，从全部90余项统计数据与指标中筛选具有指示性意义的部分统计指标，结合相关政策、法规和制度规定等进行综合分析，提出项目管理过程的评价结论，以及影响因素和对策建议。

第一节　统计综合评价程序

1. 评价目的

按照《山洪工程项目管理办法》《重点工程管理办法》《气象部门基本建设管理办法》等文件的有关规定，以项目单位年度建设项目的统计结果为基础，对山洪工程年度建设项目全过程管理进行统计综合评价，及时回顾和总结项目建设过程中的经验、教训，为决策、管理、执行各层面提供可参考的依据，提高后续年度建设项目的决策水平和投资效益。

2. 确定评价指标

山洪工程统计综合评价指标的选择是：采用综合分析法，选择具有指示性的统计指标，将所选指标按照年度建设项目启动、执行、收尾过程划分为3级，分别反映各级指标的内涵和外延（山洪工程年度建设项目管理统计综合评价指示性指标一览表略）。

3. 确定评价指标的权重系数

山洪工程项目评价指标权重的确定是：通过大数据分析平台，结合专家意见法（德尔菲法，Delphi Method），将统计指标进行重要性排序，并通过调查表分别向具有 3 年以上山洪工程项目管理经验的专家征询意见，最后确定各评价指标权重（山洪工程年度建设项目管理统计综合评价指标权重系数一览表略）。

4. 确定指标评价标准

根据综合评价方法，通过大数据分析平台辅助确定评价指标标准值，即确定指标的阈值，将它们分为 3 档：80% ~ 100%，得 80 ~ 100 分；60% ~ 80%，得 60 ~ 80 分；低于 60%，得 60 分以下，以此客观、合理地对全国山洪工程跨年度建设项目管理进行综合评价（山洪工程年度建设项目管理统计综合评价指标评分标准一览表略）。

第二节　统计综合评价结论

定量描述 2011—20××年度建设项目的竣工验收统计结果，并简要分析原因。例如：全国山洪工程 2011—20××年度建设项目按照"建设一批、完成一批、发挥效益一批"的要求，完成了竣工验收工作的项目单位比例，反映了山洪工程总体上是否达到了预期的目标；通过项目管理影响因素分析，描述对山洪工程建设整体进展造成影响的主要原因。

　　按照上述统计综合评价程序，对全国山洪工程 2011—20××年度建设项目管理情况进行了统计综合分析与评价，并征集了山洪工程项目管理以及部门内项目管理相关单位专家的意见，最终给出综合得分（统计综合评价指标评分结果一览表略）。

第六章 年度建设项目管理影响因素分析及对策建议

在上述分析的基础上，以山洪工程项目管理过程为主线，以相互制约、相互联系的统计指标为核心，通过影响因素分析，将统计技术与项目管理过程有机结合，进行大数据统计分析并提出存在问题和对策建议等。具体做法是：围绕山洪工程年度建设项目管理的启动、执行、收尾和评价四大过程，通过大数据分析平台辅助分析其统计数据之间的各种制约关系，判断统计结果与相关政策法规以及《山洪工程项目管理办法》的基本精神是否相一致，给出影响因素及其概率估值，提醒建设单位如何将管理风险关口前移，控制违规与控制风险并举，以最大限度地避免"有规不依"现象等；对问题比较集中，或影响比较大，可能造成管理风险的问题等给出了具有警示作用的具体改进措施（详见附表30、附表31）。

附表30　发生概率估值

序号	等级	影响概率
1	高	≥60%
2	较高	35%～60%
3	中	15%～35%
4	低	≤15%

附表31　山洪工程项目管理影响因素分析部分结果一览表

序号	管理过程	影响因素	影响概率	可能造成的风险	对策建议
1	…	…	…	…	…

其中，"影响概率"是根据日常管理中答复和处理各项目单位提出的项目管理实际问题过程中积累的经验，以及国家级和省级两级山洪工程项目管理办公室调研情况，利用大数据分析平台辅助分析得出的统计结果。"影响概率"分为4个档次："高""较高""中""低"，用于描述项目单位在项目管理中发生或可能发生类似情况的概率，主要起警示作用。

第七章 项目单位2011—20××年度建设项目统计数据

本章所有表格均由大数据分析平台输出，并可在平台中进行数据查询、检索等。表格样式和数据略。

第一节 2011—20××年度建设项目统计结果 （分项目单位）

附表32 山洪工程2011—20××年度建设项目审批流程执行情况统计表（分项目单位）

附表33 山洪工程2011—20××年度建设项目招标及政府采购方式统计表（分项目单位）

附表34 山洪工程2011—20××年度建设项目招标及政府采购预算金额统计表（分项目单位）

附表35 山洪工程2011—20××年度建设项目招标及政府采购执行情况统计表（分项目单位）

附表36 山洪工程2011—20××年度建设项目平均建设周期统计表（分项目单位）

附表37 山洪工程2011—20××年度建设项目监督检查情况统计表（分项目单位）

附表38 山洪工程2011—20××年度建设项目重大变更情

况统计表（分项目单位）

附表 39　山洪工程 2011—20××年度建设项目已完成投资情况统计表（分项目单位）

附表 40　山洪工程 2011—20××年度建设项目业务验收情况统计表（分项目单位）

附表 41　山洪工程 2011—20××年度建设项目竣工验收情况统计表（分项目单位）

附表 42　山洪工程 2011—20××年度建设项目文档资料报备情况统计表（分项目单位）

附表 43　山洪工程 2011—20××年度建设项目已交付资产情况统计表（分项目单位）

附表 44　山洪工程 2011—20××年度建设项目完成资产移交情况统计表（分项目单位）

第二节　各年度建设项目统计结果

附表 45　山洪工程各年度建设项目投资计划建设任务表

附表 46　山洪工程各年度建设项目时间进度统计表

附表 47　山洪工程各年度建设项目实际投资统计表

附表 48　山洪工程各年度建设项目交付资产统计表

附表 49　山洪工程各年度建设项目执行单位明细表

第三节　全国山洪工程2011—20××年度建设项目统计数据调查表

为了高效地完成分年度建设项目统计，利用统计调查表收集所有项目单位的数据信息（附表50～附表52，表格样式和数据略）。

附表50　山洪工程年度建设项目建设情况调查表（样表）

附表51　山洪工程年度建设项目管理情况调查表（样表）

附表52　山洪工程年度建设项目建设效果和效益分析基础信息调查表（样表）

参 考 文 献

[1]中国气象局.山洪地质灾害防治气象保障工程建设指导方案[R].北京：中国气象局，2012.

[2]中国气象局.山洪地质灾害防治气象保障工程管理办法[R].北京：中国气象局，2013.

[3]中国气象局发展研究中心，中国气象局工程咨询中心.《气象发展"十二五"规划》实施评估报告[R].2016.

[4]中国优选法统筹法与经济数学研究会项目管理研究委员会.中国现代项目管理发展报告(2016年)[R].北京：中国电力出版社，2017.

[5]PMI. The standard for program management[M].4th ed. Newtown Square：Project Management Institute，2017.

[6]白思俊.现代项目管理概论[M].2版.北京：电子工业出版社，2013.

[7]沈建明，陶俐言.中国国防项目管理知识体系[M].北京：机械工业出版社，2017.

[8]单汨源，李林凤，张人龙.多项目管理方法及其应用研究[M].北京：中国人民大学出版社，2016.

[9]于永合.项目群管理[M].武汉：武汉大学出版社，2017.

[10]美国项目管理协会.项目组合管理标准[M].杨钦，石泉，章旭彦，译.3版.北京：电子工业出版社，2016.

[11]PMI. A guide to the project management body of knowledge[M].6th ed. Newtown Square：Project Management Institute，2017.

[12]梅雷迪思，曼特尔.项目管理：管理新视角[M].7版.戚安邦，

译. 北京：中国人民大学出版社，2014.

[13]钱学森，许国志，王寿云. 组织管理的技术——系统工程[J]. 上海理工大学学报，2011，33(6)：520-525.

[14]林正航，强茂山，袁尚南. 基于多维度项目管理模型的资源集成模式实证[J]. 项目管理技术，2014，12(10)：33-38.

[15]陈际丰，于志安，王晓芳. 水运工程设计项目群管理探索与实践[J]. 中国港湾建设，2013(3)：83-86.

[16]缪小龙，阳凯文，谢青波. 项目群环境下的集成管理研究[J]. 项目管理技术，2009，7(5)：30-32.

[17]陈辉华，周卉，王孟钧. 大型建设项目组织运行机制模型研究[J]. 项目管理技术，2008，6(3)：13-17.

[18]The Standish Group. Chaos report 2014[R/OL]. (2016-08-08) [2019-10-12]. https：//wenku. baidu. com/view/646ad612f08583d049649b664 8d7c1c708a10b31. html.

[19] DUNBAR G. Project management failures-standish (chaos) reports (1994—2015) [R/OL]. (2016-01-20) [2019-10-17]. https：// www. linkedin. com/pulse/project-management-failures-standish-chaos-re-port-2015-dunbar.

[20]LYNCH J. Standish group 2015 chaos report-Q&A with jennifer lynch[Z/ OL]. (2015-10-04) [2019-10-21]. https：//www. infoq. com/articles/ standish-chaos-2015/.

[21]阳艳红，周勇，张红雨. 山洪地质灾害防治气象保障工程多项目管理方法探讨与应用[J]. 气象软科学，2017(1)：75-82.

[22]阳艳红. 气象工程项目群集成管理研究与实现[C/OL]. (2018-09-

01）〔2019-03-20〕. https：//www. ixueshu. com/document/85cbeacea4e
b39ea8323d9024fb876cc. html.

[23]李国杰，程学旗. 大数据研究：未来科技及经济社会发展的重大战
略领域——大数据的研究现状与科学思考[J]. 中国科学院院刊，
2012，27(6)：647-657.

[24]舍恩伯格，库克耶. 大数据时代：生活、工作与思维的大变革
[M]. 盛杨燕，周涛，译. 杭州：浙江人民出版社，2013.

[25]UN Global Pulse. Big data for development：challenges& opportunities[R/
OL]. (2012-05-29)〔2019-03-20〕. http：//www. unglobalpulse. org/sites/
default/files/BigDataforDevelopment-UNGlobalPulseMay2012. pdf.

[26]李翠平，王敏峰. 大数据的挑战和机遇[J]. 科研信息化技术与应
用，2013，4(1)：12-18.

[27]国务院. 促进大数据发展行动纲要[EB/OL]. (2015-08-31)〔2019-
02-20〕. http：//www. gov. cn/zhengce/content/2015-09/05/content_
10137. htm.

[28]杨青，武高宁，王丽珍. 大数据：数据驱动下的工程项目管理新视
角[J]. 系统工程理论与实践，2017，37(3)：710-719.

[29]李志国，钟将. 数据科学在国内管理学研究中的应用综述[J]. 计算
机科学，2018，45(9)：38-45.

[30]方巍，郑玉，徐江. 大数据：概念、技术及应用研究综述[J]. 南京
信息工程大学学报(自然科学版)，2014，6(5)：405-419.

[31]曾晖. 大数据挖掘在工程项目管理中的应用[J]. 科技进步与对策，
2014，31(11)：46-48.

[32]张雯. 项目管理学科演进与前沿可视化分析[D]. 北京：中国科学

院大学，2015.

[33] 赵丽坤，杨爱华. 工程项目管理知识体系框架研究[J]. 项目管理技术，2011，9(8)：17-21.

[34] 张尚. 工程项目群理论研究综述[J]. 项目管理技术，2011，9(3)：25-29.

[35] 尹贻林，刘艳辉. 基于项目群治理框架的大型建设项目集成管理模式研究[J]. 软科学，2009，23(8)：20-25.

[36] 高小慧，顾基发. 基于 WSR 系统方法论的项目群管理研究[J]. 项目管理技术，2012，10(10)：65-69.

[37] 戚安邦，张伟. 基于战略目标的大型建设项目群的集成管理系统模型研究[J]. 项目管理技术，2010，8(7)：23-28.

[38] 黄恒振，周国华. 基于大数据的项目管理创新研究[J]. 建筑经济，2015，36(4)：35-38.

[39] 胡荣春，刘知贵，胡茂. 基于大数据分析模型的学科项目管理探索[J]. 教育评论，2019(5)：55-59.

[40] 阳艳红，王玉彬. 重大气象工程项目群风险管理研究与实现[J]. 项目管理技术，2019，17(4)：72-76.

[41] 阳艳红，王玉彬. 大型气象工程项目群信息集成管理研究及实现[J]. 项目管理技术，2019，17(9)：65-69.

[42] 阳艳红，张以刚. 基于统计技术的气象工程项目管理案例分析研究[C]. 气象软科学委员会 2017 年会文集. 北京：中国气象局发展研究中心，2017.

[43] 中国气象局山洪地质灾害防治气象保障工程项目管理办公室. 山洪地质灾害防治气象保障工程项目管理手册系列(2018 年版)[R]. 北

京：中国气象局，2018.

[44]大数有容(北京)智能科技有限公司．容数据(Swift data)大数据分析平台用户手册[Z].2018.

[45]刘人怀，孙凯，孙东川．大型工程项目管理的中国特色及与美苏的比较[J]．科技进步与对策，2009，26(21)：5-12.

[46]何寿奎，李红镝，刘涵．基于组织协同的大型建设项目群风险识别与管理[J]．项目管理技术，2009，7(2)：15-19.

[47]陈业文，周双海．建设工程项目群环境下集成管理实现的探讨[J]．项目管理技术，2006，4(11)：43-46.

[48]高云莉．工程项目集成风险管理理论与方法研究[D]．大连：大连理工大学，2008.

[49]刘晓培．基于复杂科学管理整合论的工程项目群风险管理方法研究[D]．宜昌：三峡大学，2013.

[50]万武官．工程项目群风险管理浅析[J]．现代经济信息，2013(15)：175.

[51]张卫东．电力基建工程项目风险管理研究[D]．北京：华北电力大学，2013.

[52]赵莹华．项目信息门户在项目群管理中的应用研究[D]．上海：同济大学，2007.

[53]潘怡冰，陆鑫，黄晴．基于BIM的大型项目群信息集成管理研究[J]．建筑经济，2012(3)：41-43.

[54]李炎，马俊明，安博，等．一个基于Web的轻量级大数据处理与可视化工具[J]．计算机科学，2018，45(9)：12-18.

[55]中共中央 国务院关于全面实施预算绩效管理的意见[EB/OL].

（2018-09-01）［2018-09-25］．http：//www. gov. cn/zhengce/2018-09/25/content_ 5325315. htm.

［56］孙莉芬，朝发树，张萌，等．基于南方电网某局中介项目集的项目管理后评价研究［J］．项目管理技术，2014，12(11)：77-83.

［57］扈剑晖．政府投资项目绩效评价体系研究［J］．开放导报，2014，173(2)：77-80.

［58］宋伟涛，张淑同，贾雪娜，等．城市基础设施工程项目群管理效果量化评价体系研究［J］．山东交通学院学报，2018，26(3)：76-83.

［59］宁瑶瑶．基于项目集管理视角的大型工程项目管理绩效评价研究［D］．青岛：青岛理工大学，2015.

［60］薛振宇，胡航海，宋毅，等．基于大数据分析的县公司综合评价策略［J］．电力自动化设备，2017，37(9)：199-204.

［61］王宏，王国胜，王周绪，等．国际金融组织贷款营林项目的绩效评价［J］．林业资源管理，2016(4)：19-23.

［62］丁正红．项目群视角下的政府投资项目集中管理模式效率改善研究［D］．天津：天津大学，2011.

［63］杜亚灵，尹贻林．公共项目管理绩效评价研究［J］．项目管理技术，2008，6(2)：13-17.

［64］黄筱葵．关于工程项目管理中统计学的应用探讨［J］．财经界(学术版)，2013(6)：101.

［65］李君．工程项目管理中的问题与对策研究［J］．统计与管理，2013(3)：102-103.

［66］郑燕林，柳海民．大数据在美国教育评价中的应用路径分析［J］．中国电化教育，2015，342(7)：25-31.

[67]官思发，孟玺，李宗洁，等．大数据分析研究现状、问题与对策[J]．情报杂志，2015，34(5)：98-104.

[68]宗威，吴峰．大数据时代下数据质量的挑战[J]．西安交通大学学报(社会科学版)，2013，33(5)：38-43.

[69]王珊，王会举，覃雄派，等．架构大数据：挑战、现状与展望[J]．计算机学报，2011，34(10)：1741-1752.

[70]张楠．公共衍生大数据分析与政府决策过程重构理论演进与研究展望[J]．中国行政管理，2015(10)：19-24.

[71]刘宇，杨志萍，王春明，等．基于全过程管理理念的文献情报项目评价体系的构建与实践[J]．图书情报工作，2016，60(24)：76-85.

[72]白礼彪，郑堪尹，石荟敬，等．企业项目群协同管理组织模式构建[J]．工程管理学报，2019，33(5)：91-96.

[73]朱维乔．大数据驱动的特色资源服务平台架构研究[J]．图书馆研究，2014，44(4)：77-81.

[74]向运华，王晓慧．大数据在社会保障领域的应用：一个研究综述[J]．社会保障研究，2019(4)：95-104.

[75]张春磊，杨小牛．大数据分析(BDA)及其在情报领域的应用[J]．中国电子科学研究院学报，2013，8(1)：18-22.

[76]陈非，陈垦，李凯．基于大数据平台的统计分析研究[J]．价值工程，2018，37(22)：251-254.

[77]范炜玮．军队医疗服务大数据交互式统计分析关键技术研究[D]．北京：中国人民解放军军事医学科学院，2016.

[78]李永娣．基于大数据的审计数据统计分析策略[J]．社会科学家，2019，262(2)：52-56.

［79］刘云峰，王倩宜，杨旭，等．一种支持大数据集成架构的多维分析系统［J］．华东师范大学学报（自然科学版），2015，3（S1）：502-508.

［80］刘文峰，顾君忠，林欣，等．基于 Hadoop 和 Mahout 的大数据管理分析系统［J］．计算机应用与软件，2015，32(1)：47-50.

［81］金宗泽，冯亚丽，文必龙，等．大数据分析流程框架的研究［J］．计算机技术与发展，2014，24(8)：117-120.